河南省嵩县东湾–槐树坪矿区成矿环境及金矿成矿规律研究

王兴民　苏凯峰　孙华山　李俊生　编著

中国地质大学出版社有限责任公司
ZHONGGUO DIZHI DAXUE CHUBANSHE YOUXIAN ZEREN GONGSI

图书在版编目(CIP)数据

河南省嵩县东湾-槐树坪矿区成矿环境及金矿成矿规律研究/王兴民，苏凯峰，孙华山，李俊生编著．—武汉：中国地质大学出版社有限责任公司，2013.7

ISBN 978-7-5625-3180-7

Ⅰ.①河…

Ⅱ.①王…②苏…

Ⅲ.①金矿带-成矿环境-研究-嵩县②金矿带-成矿规律-研究-嵩县

Ⅳ.①P618.51

中国版本图书馆 CIP 数据核字(2013)第 196683 号

河南省嵩县东湾-槐树坪矿区成矿环境及金矿成矿规律研究　　王兴民　苏凯峰　孙华山　李俊生　编著

责任编辑：周　华　　选题策划：张　琰　　责任校对：戴　莹

出版发行：中国地质大学出版社有限责任公司(武汉市洪山区鲁磨路 388 号)　　邮政编码：430074

电　话：(027)67883511　传真：67883580　　E-mail:cbb@cug.edu.cn

经　销：全国新华书店　　http://www.cugp.cug.edu.cn

开本：880 毫米×1 230 毫米 1/32　　字数：202 千字　印张：7

版次：2013 年 7 月第 1 版　　印次：2013 年 7 月第 1 次印刷

印刷：荆州市鸿盛印务有限公司

ISBN 978-7-5625-3180-7　　定价：32.00 元

前　言

嵩县东湾-槐树坪金矿勘查区位于河南省重要金矿成矿带——熊耳山-外方山金矿床成矿带内，金矿床成矿条件优越，具有较好的找矿前景和潜力。“河南省嵩县东湾-槐树坪成矿环境及金矿床成矿规律研究”对勘查区开展了有针对性的野外地质调查、收集了大量该区及外围有代表性金矿床成矿研究的资料，并进行了认真、系统的归纳整理和二次认识。通过研究矿区金矿床成矿地质条件，开展综合性研究和针对性的测试分析工作，为成矿分析及找矿靶区圈定提供较为充分的宏观和微观依据。

本书应用综合分析、相似类比、求同求异等手段，客观详细地回答了研究区进一步找矿面临的关键性地质问题，最终在东湾矿区圈定A级预测靶区1处，B级预测靶区2处，C级预测靶区2处；在槐树坪矿区圈定A级预测靶区1处，B级预测靶区1处，C级预测靶区1处。并对各靶区预测依据进行了详细阐述。找矿或远景找矿靶区的圈定无疑为矿区进一步找矿工作部署指明了方向。

应当指出，地质找矿工作历来是一项探索性和风险性极强的工作，很多决策是在不确定性条件下的理性推断，因此，在工程验证及进一步补充勘探之前，对预测者而言只能是一种审慎的乐观与心理历程的磨炼。

全书共分6章。第1章介绍研究工作概况、研究内容、方法及技术路线；第2章叙述了区域成矿背景；第3章分析了区域金矿床成矿特征；第4章和第5章分别阐述了东湾和槐树坪矿区的成矿研究与成矿预测及评价；第6章总结了研究成果与存在的问题。

感谢河南省地质矿产勘查开发局第二地质队为研究工作提供的各种帮助；感谢中国地质大学（武汉）曹新志教授，河南豫矿集团公司樊克锋总工程师、左景勋博士等提供的指导与帮助；感谢河南省地矿局张宗恒总工程师等提出的宝贵意见和建议；感谢为本书项目的实施付出过辛勤工作的领导与同行们！

鉴于笔者水平所限，对于书中疏漏和不妥之处，恳请读者不吝批评指正。

作　者

2013年4月

目　录

第 1 章

绪　论

嵩县位于熊耳山-外方山成矿带上，是河南省主要金矿产地之一，区内有庙岭、萑香洼、前河、店房、东沟、祁雨沟、瑶沟、上庄等众多金矿床产区。矿山经多年开采，后续接替资源已显不足，开展深部及外围找矿形势迫切。研究工作针对嵩县东湾-槐树坪金矿整装勘查区，在野外详细地质调查和对前人资料消化、吸收的基础上，通过研究矿区成矿环境、金矿成矿地质条件和规律，开展综合性研究和针对性的测试分析工作，为成矿分析及找矿靶区圈定提供较为充分的宏观及微观依据，并指导矿区深部及外围找矿潜力及找矿方向。

1.1　研究目标

1.1.1　东湾勘查区

（1）勘查区 M1 矿体矿化空间分布有什么规律？通过研究矿化空间上的分布、富集规律和矿体定位规律，为深部工程部署提供指导依据。

（2）勘查区 M1 矿体深部进一步找矿潜力有多大？任何一个找矿勘查区勘查深度都是有限的。目前东湾勘查区 M1 矿体的勘查深度已达到 500m，见矿标高已经是本区最深的，深部还能有多大找矿空间是进一步找矿必须考虑的问题。

（3）勘查区已知矿体外围找矿方向在哪里？目前勘查区发现的矿体受 F1 断裂带控制，其外围的 F2 和 F3 断裂找矿前景如何？

1.1.2　槐树坪勘查区

（1）M29－Ⅰ矿体是目前槐树坪勘查区发现的唯一具有工业价值的矿体，勘探深度也达到了 500m。M29－Ⅰ矿体深部找矿潜力有多大是必须考虑的问题。

（2）除 M29 矿脉外，目前勘查区内还发现有 M1（矿脉组）、M3、M5、M7、M13 等多条含金构造蚀变带。初步的钻孔揭露显示，这些含金构造蚀变带矿化分散、连续性差，控矿构造性质及相互成生关系不明。因此，通过综合地质研究，明确哪条或哪几条含矿构造蚀变带具有较大的找矿前景，是否值得找矿勘查投入需要进一步研究。

1.2 研究内容

在综合分析的基础上，两个勘查区所面临的找矿研究各不相同，但是总体来讲可以归纳为两大方面的研究：已知矿体深部找矿和已知矿体外围找矿。

1.2.1 已知矿体深部找矿

鉴于已知矿体已有一定的工程控制，可以构建起一定深度范围的取样系统。因此，已知矿体深部成矿预测工作可以借鉴开采矿山深部成矿预测工作常用的方法，研究工作的重点在于查明矿体矿化空间变化规律，进而指导深部成矿预测。

(1) 断裂构造控矿规律：通过控矿断裂构造蚀变带野外地质调查、钻孔岩芯观察，结合室内构造蚀变岩岩相学研究。查明控矿断裂构造变形、蚀变特征，构造蚀变岩空间分布规律、断裂活动期次，尤其要明确矿化与断裂构造变形、蚀变的关系，总结断裂控矿的规律。

(2) 成矿元素空间分布规律：通过已有钻孔岩芯原生晕分布特征研究，查明已知矿体成矿元素空间分布规律，运用热液矿床原生晕分带理论，为已知矿体深部成矿预测提供理论依据。

(3) 成矿流体场空间变化规律：针对具备研究条件的东湾矿区M1矿体北东段和槐树坪矿区M29－Ⅰ矿体，通过与金矿化有密切关系的石英脉成矿流体温度、氢-氧同位素组成及流体包裹体成分的系统研究，力图查明成矿流体温度场、流体运移趋势及对找矿的指示意义，为已知矿体深部成矿预测提供理论依据。

(4) 标型矿物空间变化规律：通过与金矿化密切共生的黄铁矿矿物晶体形态标型、热电性标型和成分标型的系统研究，查明黄铁矿标型变化与矿化富集关系，为深部矿体成矿预测提供理论依据。

(5) 矿体空间定位规律：通过已知矿体品位、厚度及矿化强度等参数在空间上的分布特征研究，查明矿化向深部变化趋势，结合矿体产状要素及矿脉（组）空间组合样式，预测深部矿体可能出现的部位，为深部矿体成矿预测提供依据。

1.2.2　已知矿体外围找矿

鉴于已知矿体外围勘查程度不高，含矿断裂构造性质不明，断裂控矿认识不清，找矿潜力有待明确的现状，研究工作的重点为查明断裂构造性质、断裂活动期次和断裂构造控矿作用，结合矿区土壤化探测量成果，开展成矿地质条件分析及找矿前景评价。

（1）控矿断裂构造基本特征：通过构造蚀变带地表露头、钻孔岩芯调查，结合室内构造蚀变岩岩相学特征研究，查明含矿构造蚀变带力学性质、运动学方向及构造活动期次等断裂构造基本特征。

（2）控矿构造格架：在控矿断裂构造基本特征认识的基础上，结合区域构造演化及应力场特征认识，运用构造解析方法进行构造配套、判断构造成生联系，理清控矿构造格架。利用矿区共轭剪切节理或雁行张节理产状，通过极射赤平投影手段，恢复成矿期矿区应力场方向，明确成矿期控矿断裂构造力学性质、运动学特征和有利控矿部位。

（3）构造控矿作用及找矿前景评价：通过野外地表露头及钻孔岩芯观察，结合室内岩矿分析，查明矿化蚀变在断裂构造内部的产出分布、矿化期次及其与断裂构造活动关系。尤其是分析成矿期断裂构造活动程度，结合矿化蚀变及土壤异常强度与规模判断其找矿前景。

1.3　研究方法及技术路线

（1）野外地质调查及钻孔综合编录：围绕上述勘查区展开系统的野外地质调查及钻孔综合编录是本书研究的重要内容。选择有代表性的控矿断裂构造剖面和岩芯构造剖面，通过构造形迹、产状、构造岩、断层泥和矿化蚀变特征等系统观察，查明断裂构造几何学、运动学和动力学特征，断裂构造性质及断裂构造控矿作用。

（2）岩矿鉴定：通过岩矿石光、薄片岩相学观察分析，查明矿石和蚀变岩石矿物组合、生成顺序，结合脉体穿插关系，明确构造活动及矿化期矿化阶段。

（3）构造应力场分析方法：以构造形迹、构造变形及构造运动方向的观察为基础，以矿区共轭剪切节理或雁行张节理产状统计与极射赤平投影为手段，结合区域构造运动、演化及应力场背景，明确矿区构造应力场、构造运动和构造成生联系等基础地质问题，并在此基础上，指明构造控矿有利部位。

（4）成矿元素空间分布规律研究方法：通过不同标高的蚀变岩或矿石样品构建一定深度范围的化探原生晕取样系统，利用原子吸收光谱分析方法定量测试与金矿化有密切关系的远程晕元素、近矿晕元素和尾部晕元素，找寻已知矿体原生晕分带特征。

（5）成矿流体场空间分布规律研究方法：对石英和方解石矿物开展冷冻法测盐度和均一法测温。结合流体包裹体成分测试得出的流体成分体系结果，采用合理的成矿流体盐度、密度和压力计算公式，计算成矿流体盐度、密度和压力等物理化学参数。

（6）标型矿物空间变化规律研究方法：通过对不同高程采集样品中黄铁矿单矿物分离，在10×4倍双目镜下观察统计黄铁矿形态标型。测试黄铁矿热电系数和黄铁矿微量元素成分。根据测试数据空间变化规律，挖掘其找矿指示意义。

（7）相似类比研究方法：熊耳山地区是河南省金矿的主产区之一。区内有上宫、庙岭、萑香洼、康山、前河、店房和祁雨沟等诸多大中型金矿床产区，这些矿床在矿化特征和控矿因素上与研究区具有一定的相似性。因此，深入总结区域成矿规律，开展相似类比研究将贯穿于本书研究工作的始终。

综上，本书研究工作技术路线概括如图1-1所示。

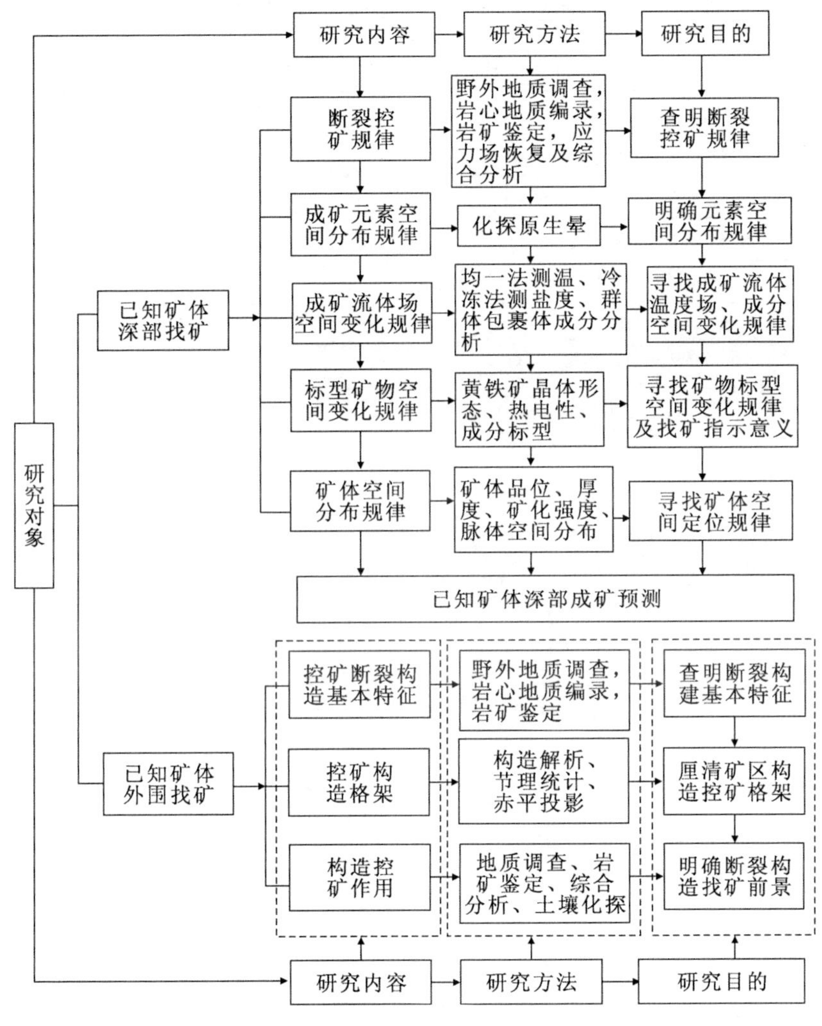

图1-1 本书研究技术流程图

1.4 本书研究工作实施概况

按照本书项目研究工作计划开展野外地质调查、测量及样品采集工作。主要工作汇总于表 1－1，具体内容包括如下几个方面。

表 1－1　研究工作量一览表

项目	单位	工作量
典型断裂构造控矿特征剖面测量	条	5
构造岩特征室内鉴定	件	42
岩心化探原生晕取样	件	219
元素测试（As、Sb、Ba 等 14 种元素）	件	219
石英包裹体均一法测温	件	32
石英包裹体冷冻法测盐度	件/数据	32/635
石英包裹体成分测试	件	8
黄铁矿矿物标型镜下鉴定	件	21
黄铁矿热电性测量	件	21
黄铁矿成分标型测试	件	21
蚀变带岩石化学主量分析	件	37
构造解析、专题图件	幅	10

（1）对东湾、槐树坪两个矿区的地质特征、矿化特征进行认知性调查，重点对矿区控矿断裂构造性质、运动学特征进行了调查，完成钻孔矿石原生晕（164 件）、流体温度场研究（42 件）、黄铁矿标型（15 件）、流体成分测试样品（10 件）的采样。

（2）通过地表及 9 个钻孔的编录，重点对槐树坪矿区控矿断裂产出分布规律、构造蚀变岩分带、矿化与构造蚀变岩关系、矿石结构构造及成因意义等进行了观察描述。补充了部分流体包裹体及黄铁矿标型特征研究样品（10 件）。

（3）对庙岭、萑香洼、康山、峭山、申家窑 5 个外围矿床矿化特征进行了实地考察；对上宫金矿矿化特征及探矿进展进行了了解。

（4）针对进一步研究有待深入的问题，对东湾、槐树坪矿区新施工完成的 6 个钻孔，开展了化探和流体包裹体、黄铁矿标型等方面的补充采样工作。

第2章

区域成矿背景

2.1　大地构造位置[①]

研究区位于华北地台南缘，与秦岭褶皱系毗邻，隶属华熊台隆二级构造单元，熊耳山、外方山隆断三级构造单元，其间被潭头-嵩县新生代断陷盆地隔断（图 2－1）。其中，东湾矿区位于外方山断隆与潭头-嵩县新生代断陷盆地的结合部位，槐树坪和七亩地沟矿区位于熊耳山断隆与潭头-嵩县新生代断陷盆地的结合部位（图 2－2）。

2.2　区域地层

区域内地层自老至新为：太古界太华群、中元古界长城系熊耳群、蓟县系高山河群、新元古界青白口系官道口群、中生界白垩系、新生界第三系和第四系（图 2－2）。

（1）太古界太华岩群（Ar*th*）：在区域北部出露，岩性为变粒岩、斜长角闪片岩、黑云斜长片麻岩、角闪斜长片麻岩等。

（2）中元古界长城系熊耳群（Ch*xn*）：区内大面积出露，自下而上分为许山组（Ch*xu*）、鸡蛋坪组（Ch*j*）、马家河组（Ch*m*）。与下伏地层呈角度不整合接触。

许山组（Ch*xu*）：安山岩、辉石安山岩、安山玄武岩，夹少量英安岩、火山碎屑岩，厚 3 656m。

鸡蛋坪组（Ch*j*）：石英斑岩、流纹斑岩、英安斑岩，夹少量安山岩、珍珠岩等，厚 1 588m。该组为工作区内的主要赋矿地层。

马家河组（Ch*m*）：安山岩、辉石安山岩，夹流纹岩、英安岩、火山碎屑岩、碎屑岩、叠层石灰岩等，厚 2 322m。

（3）中元古界蓟县系高山河群（J*g*）：在区域南部出露，下部以（含砾）石英砂岩为主，夹紫红色页岩、碱性火山岩；中部以紫红色泥岩为主，夹薄层石英砂岩；上部以灰白色、紫红色石英砂岩为主，

---

①　河南省地矿厅．区域地质调查报告（大章幅、嵩县幅、合峪幅、木植街幅），1990.

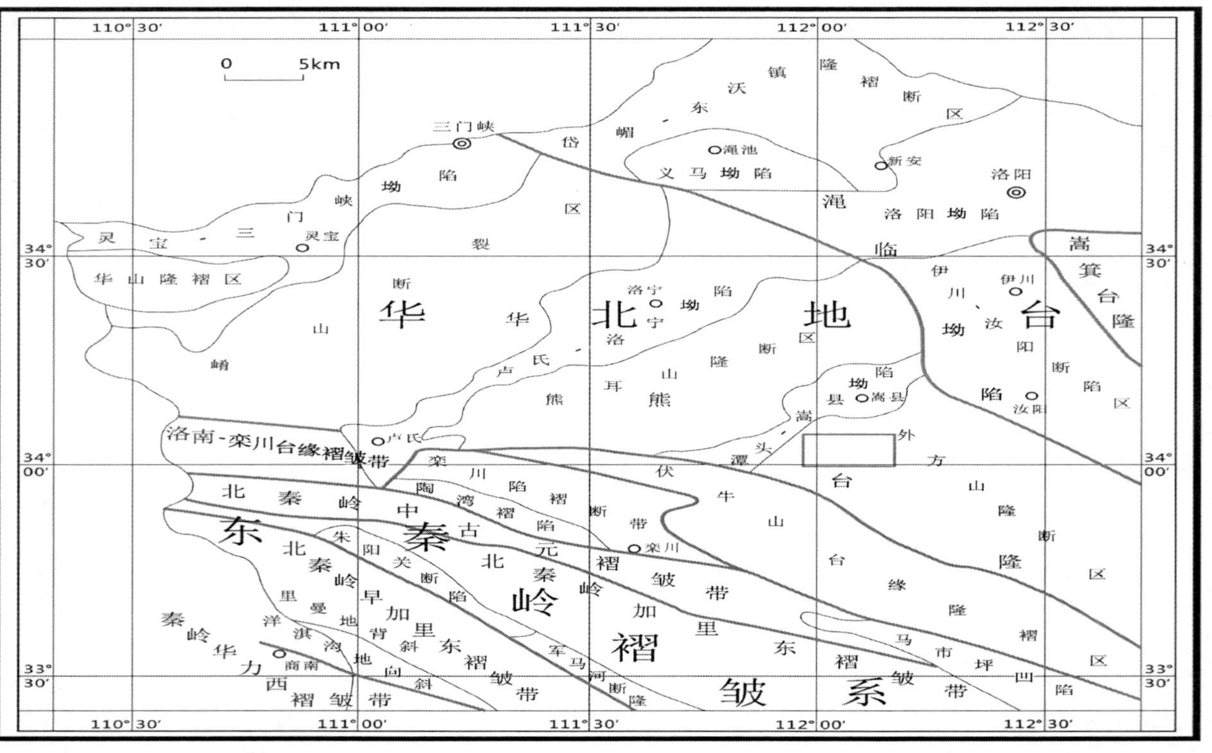

图2-1 研究区大地构造位置[①]
(图中方框为研究区位置)

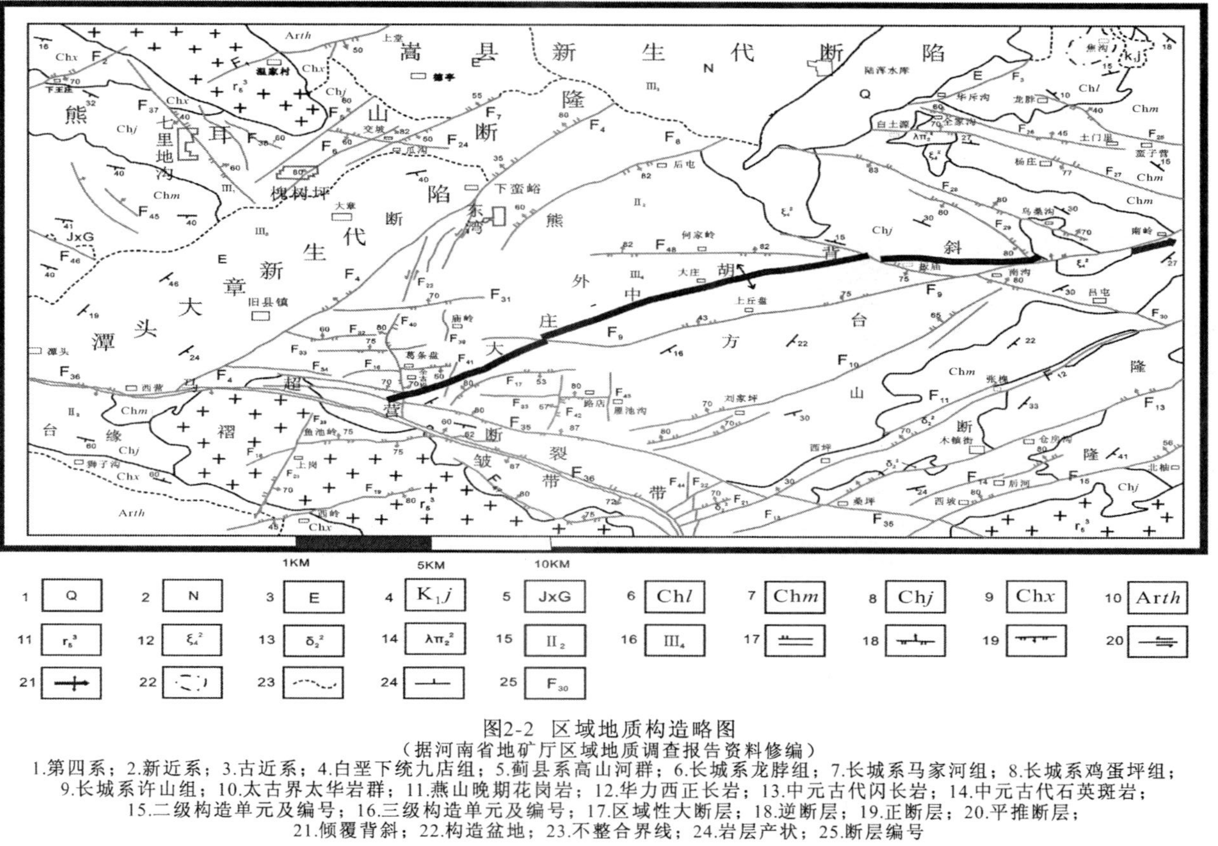

图2-2 区域地质构造略图

（据河南省地矿厅区域地质调查报告资料修编）

1.第四系；2.新近系；3.古近系；4.白垩下统九店组；5.蓟县系高山河群；6.长城系龙脖组；7.长城系马家河组；8.长城系鸡蛋坪组；9.长城系许山组；10.太古界太华岩群；11.燕山晚期花岗岩；12.华力西正长岩；13.中元古代闪长岩；14.中元古代石英斑岩；15.二级构造单元及编号；16.三级构造单元及编号；17.区域性大断层；18.逆断层；19.正断层；20.平推断层；21.倾覆背斜；22.构造盆地；23.不整合界线；24.岩层产状；25.断层编号

夹紫红色泥岩。该群与下伏熊耳群地层为角度不整合接触。

(4) 新元古界青白口系官道口群：在区域南部仅有龙家园组（$Q_n l$）地层出露，岩性由燧石条带白云岩、白云岩、含叠层石白云岩组成，底部为含砾砂岩、石英砂岩、含砾白云岩等，顶部为角砾状燧石岩，厚 820～1 400m。该群与下伏地层呈平行不整合接触。

(5) 中生界白垩系上统：在区域南部仅有秋扒组（$K_2 q$）地层出露，由一套河湖相沉积组成，主要岩性为棕红色砂岩、砾岩和紫红色粉砂质黏土岩，厚 30～200m。该统与下伏熊耳群地层呈断层接触。

(6) 新生界：分布于潭头-嵩县北东向新生代断陷盆地，出露地层自下而上为高峪沟组（$E_1 g$）、潭头组（$E_2 t$）、洛阳组（$N_1 l$）。该界与下伏地层呈角度不整合接触。第四系在区内少量分布于沟谷及山顶，为黄土、冲积砂砾石层。

研究表明（河南省区域地质志，1989；邵世才，1994；陈德杰，1996），在上述本区发育的地层中，太古界太华群可能为本区金矿形成提供了主要的物质来源，而熊耳群提供的成矿物质相对有限。

2.3 区域构造

区内地质构造类型多样，根据其产出特征可以归纳为褶皱、断裂和火山机构 3 类主要构造类型，分述如下。

2.3.1 褶皱构造

区内褶皱不发育，仅出现盖层褶皱大庄-中胡背斜（图 2-2）。

大庄-中胡背斜：波及整个外方山断隆区，该背斜形态简单，宽缓开阔，轴线方向北东东，向东倾伏，倾伏角 30°左右。轴线西段（大庄以西）略向南偏转，呈 250°～265°方向延伸至白鹿沟的康家沟一带，被马超营断裂所截。背斜两翼倾角较缓，北翼 20°～30°，南翼 25°～40°，轴面近于直立，微向北倾，倾向 5°，倾角 86°。南北两翼均为长城系熊耳群地层。

2.3.2　断裂构造

区内断裂构造发育，有北东向、北西向、北北东（或近南北）向和北西西向等多组，现仅择其中主干区域性断裂分述之。

1）北西西向马超营断裂带

马超营断裂带位于华北地台最南缘，是熊耳山南坡最大的北西西向区域性大断裂。它属于潘河-卢氏-马超营断裂带东段，东起潭头盆地以东，可能与伏牛山北缘断裂带相接（胡受奚等，1988），西经狮子庙、马超营，在卢氏与潘河-卢氏断裂带相连，长 50km，走向 270°～300°，倾向北，倾角 50°～80°。据地球物理资料，断裂带在物探剖面的居里面上显示的深度为 34～37km，壳下切深度达 10km。也有学者认为其下切深度可能更深（刘宏樱，1998）。

马超营断裂带主要由四条逆冲断层组成，自北向南为康山-南坪断层（F 34）、铁岭-白土-下雁坎断层（F 35）、马超营-狮子庙-红庄断层（F 36）和南天门断层，涉及宽度达 4km 以上。主断层之间又有 3～5 条次级断层平行分布，并在走向上和主断层分支复合。各断层向西收敛，呈近东西向，向东撒开并向南偏转，总体呈北西西—南东东向。

一般认为（河南省区域地质志，1989）马超营断裂带形成于太古宙太华群基底之上。中元古代（约 1 600～1 000Ma），华北地台南缘受伸展作用裂解，在豫、陕、晋接壤区形成陆间三叉裂谷带，马超营断裂带相当于裂谷边缘断裂，对裂谷两侧的火山活动、沉积分布具有明显控制作用。在漫长的地质演化过程中，受不同时期地球动力学背景影响，马超营断裂经历了多期复杂的运动改造，根据前人研究认识（胡受奚等，1988；胡志宏等，1990；刘宏樱，1998；燕建设，2000；朱赖民，2009），马超营断裂带先后经历的构造运动可能包括如下运动。

中元古代华北地台南缘伸展裂解，马超营断裂带初始形成→加里东期商丹洋俯冲，南北向挤压，马超营断裂逆冲—走滑运动→早三叠世秦岭主造山期南北向挤压，马超营断裂逆冲—走滑→晚三叠世主造山后伸展，马超营断裂伸展滑脱拆离→燕山早期陆内挤压俯冲，马超营断裂逆冲推覆→燕山晚期构造体制转换，马超营断裂伸展滑脱剥离。

马超营断裂带多期构造活动，对熊耳山地区地壳发育和成岩成矿作用具有十分重要的控制意义。

2）北东向区域性断裂组

马超营断裂北盘（上盘）发育一系列区域性北北东—北东向剪切断裂带，自西向东有康山-上宫断裂、焦园断裂、旧县断裂（即东湾矿区的 F4 断裂）和杨寺断裂。它们具有大致等距性分布（15～18km）的特点。

目前，对该组断裂形成的时间和运动学特征尚缺乏深入的研究。但是，新生代该组断裂具有正断层活动，控制了本区几个新生代断陷盆地的形成。以穿越东湾矿区的 F4 断裂为例，该断裂上盘（北西盘）大规模下落，盆地内充填古近系杂色砂砾岩及粘土岩系。下盘（南东盘）抬升出露鸡蛋坪组流纹岩、英安岩。断裂平面形态呈舒缓波状，断层泥颜色多样，晚期断层角砾岩发育，角砾之间为泥质充填，显示出该断裂多期活动及晚期断裂继承早期断裂面活动的特点。盆地边缘有平行该断裂的次级断裂发育，同样表现为正断层性质，导致第四纪地貌陡崖的形成。此外，一般认为这组构造与东西向马超营断裂带的交切、复合部位，为岩浆活动和含矿热液活动提供了有利场所。康山、红庄、星星印、前河等金矿床的产出定位应当与此有关。

3）北北东向及近南北向断裂组

区内该方向断裂不是很发育，现有断裂集中出现在研究区中部，以 F 22万岭断裂组为代表。

F 22万岭断裂组：位于万岭一带，由 3 条大致平行的断裂组成（在本次开展工作的普查区内称为 F1 断裂、F2 断裂、F3 断裂）。地表出露长度大于 5km，波及宽度 500～600m，单条断裂宽 10～20m，地表断续延长 2～5km，断裂间距 100～150m，走向 20°～30°，倾向北西，倾角 50°～85°。断裂面陡而平直，每条断裂内可见多条（组）扭裂面，其断面上发育水平擦痕及镜面，显示逆时针扭动特征。

断裂带内角砾岩、碎裂岩发育，局部见断层泥和劈理化带。断裂带内热液蚀变强烈，主要发育硅化、钾化、方铅矿化、黄铁矿化及褐铁矿化等。断裂带内已发现多处规模不等的金矿体或矿化体。伊河以南该断裂带可能受东西向构造的影响，断裂走向变为近南北向，主断裂带宽5～10m。该断裂带切割整个熊耳群鸡蛋坪组，向南与马超营断裂相交。

该组断裂是研究区内最主要的控矿断裂之一，沿该组断裂内部，约5km内，自南向北依次产出有庙岭金矿段、中金金牛矿段、山金九仗沟矿段、东湾矿段多个金矿区。

4）近东西向中新生代剥离断层

熊耳山地区的变质核杂岩构造认识出现在20世纪90年代中后期（郭保健，1997；王志光等，1999；丁士应，1999；张曾荣，2000）。

熊耳山变质核杂岩走向为北东东向到北东向，长约90km，宽约30km，面积约2 500km^2。其变质核由新太古界太华群片麻岩系及混合岩组成，出露面积为800km^2；盖层主要由中元古界熊耳群火山岩系组成，此外还有中元古界官道口群碎屑岩-碳酸盐岩建造和第三系含砾砂岩（图2－3）。

滑脱拆离断层具有多层次、多期次和大幅度拆离的特点。整个滑脱拆离系包括主滑脱拆离带和盖层中一系列次级滑脱断层，这在熊耳山北麓表现最清楚（图2－3）。

主滑脱拆离带位于太华群和熊耳群两个主滑层之间，出露宽度为数十米至200余米，产状平缓稳定，倾角15°～30°，主拆离带分带清楚，自下而上为糜棱岩带、糜棱岩化带、绿泥石片理化带、角砾岩带和碎裂岩带。前3个带发育在下拆离盘内，在发育程度不等的面型长英质糜棱岩、超糜棱岩和糜棱岩化片麻岩内，可观察到清楚的韧性变形特征，主要为强烈塑性流变形成的面理密集的片理化带，镜下标志主要有S－C面理及拉伸线理、石英亚晶条带和核幔构造、石英糜棱岩带中的“σ”型、“δ”型碎斑系、石英-绢云母丝带构造、弯曲的长石双晶及云母（绿泥石）鱼等。依S－C面理及剪切褶曲的运动学标志，可判断拆离的剪切指向为上盘向北西向剪切，同时拆离带还具有左旋特征。绿泥石片理化带宽度较大，由片理化的糜棱片麻岩、混合

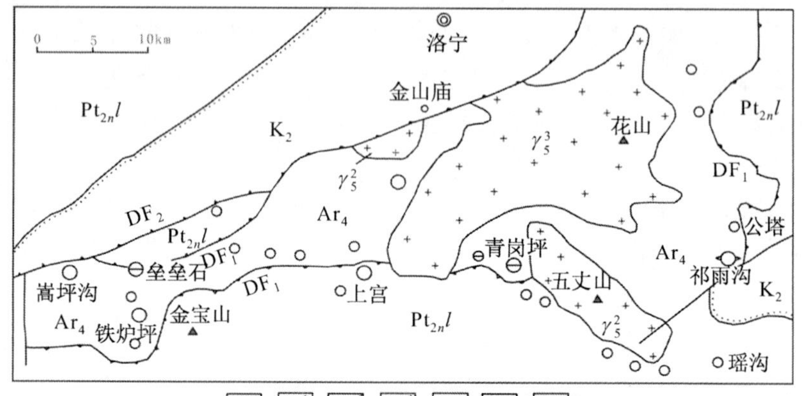

图 2-3 熊耳山变质核杂岩构造与金多金属矿化空间分布关系图

（据郭保健，1997 修编）

K_2. 新生界；Pt_2xl. 熊耳群；Ar*th*. 太华群；γ_5^3. 燕山晚期花岗岩；γ_5^2. 燕山早期花岗岩；DF_1. 早期拆离断层；DF_2. 晚期拆离断层；1. 花岗岩；2. 地层不整合；3. 断裂；4. 拆离断层；5. 构造蚀变岩型金银矿床；6. 层间破碎带型金矿床；7. 爆破角砾岩型金矿床

岩组成，同时沿岩石的裂隙有明显的绿泥石、绿帘石化，且蚀变交代的强度向上逐渐加强。滑脱拆离带最上面两个带属于脆性变形域，由强绿泥石化的安山质角砾岩和硅化碎裂岩、角砾岩组成，部分地段出现有绢云片岩、变质石英砂岩和碳质千枚岩。沿滑脱拆离带普遍可见后期热液蚀变现象，局部见强烈的硅钾交代和多金属硫化物矿化。强烈的拉伸拆离作用，造成上拆离盘熊耳群底部大古石组含砾长石石英砂岩的全部或大部缺失以及许山组安山岩的部分缺失。

次级滑脱拆离断层位于盖层拆离滑脱系中。主滑面有两个：其中一个位于熊耳群与上覆官道口群之间，滑动面产状较缓，厚度不大，主要由碎裂岩、角砾岩等组成，下盘熊耳群中可见片理化；另一个主滑面位于熊耳群、官道口群等元古宇盖层与第三系含砾红层之间，产状较陡，出露宽度也不大，主要由铁染的大小不等的张性角砾岩组成。此外，在盖层中还有成组出现的犁式断层，与主拆离断层比较，它们规模较小、变形较弱，脆性变形特征更加明显。在磨沟、崇阳沟等处可见断裂自上而下产状逐渐变缓，且上部数条断层向下汇聚成一条的构造现象。

拆离断层按形成时间可分为早晚两期，早期拆离断层出现在主拆离带内。晚期拆离断层切割早期拆离断层，其下盘可以是太华群变质岩，也可以是熊耳群、官道口群甚至燕山晚期花岗岩，上盘多为第三系砂砾岩。晚期拆离断层的代表是位于熊耳山和洛宁盆地之间的山前大断裂。

在变质核内隆起中心有强烈的燕山晚期岩浆侵入活动，形成了花山、五丈山等花岗岩基和许多花岗斑岩类小岩株。

研究认为，该变质核杂岩构造对熊耳山地区金多金属矿化有明显的控制作用（图 2－3）。

2.3.3　火山机构

研究区古火山机构构造保存完整，喷发旋回清晰，火山岩相及爆发相主要岩石种类齐全。其主要喷发类型为裂隙式喷发，次为中心式喷发，主要受区域基底断裂控制，且沿区域切壳深大断裂带呈串珠状分布（左景勋等，1992；大章幅 1：5 万区域地质报告，1988）。近年来研究认为古火山机构构造对本区金矿床产出分布具有控制作用（丁士应，1999；李云，2009；图 2－4）。现择研究区内的两个火山机构阐述如下。

1）庙岭-上秋盘火山机构

位于研究区中部，呈近椭圆形分布在庙岭-上秋盘东西向火山喷发带内，自西向东，由 3 个火山喷发群构成，每个火山喷发群内部由 1～3 个火山喷发中心组成。整体上火山喷发带（三级火山机构）呈东西向分布，火山喷发群（四级火山机构）呈北东向分布，火山喷发中心（五级火山机构）呈北东向、近南北向和北西向分布。火山机构分布的上述特征，揭示出断裂级序对本区火山机构级序的控制作用，其中，近东西向与马超营断裂平行的区域性断裂控制了火山喷发带的分布，区域性北东向断裂控制了火山群分布，局部北东向、南北向、

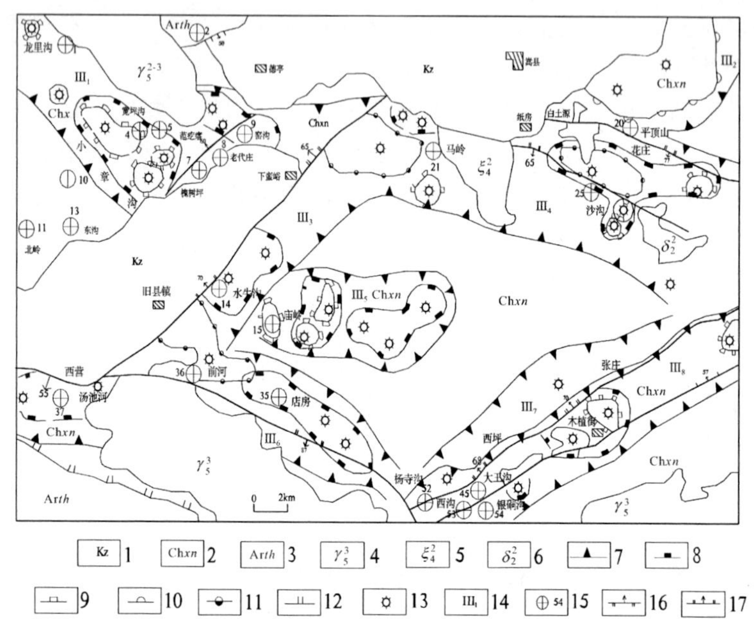

图 2-4 嵩县南部古火山机构与金矿床（点）产出分布关系图

（据李云等，2009 修编）

1. 新生界砂砾岩；2. 长城系熊耳群火山岩；3. 太华群混合变质杂岩；4. 燕山晚期花岗岩；5. 华力西中期正长岩；6. 中元古代熊耳群闪长岩；7. 三级火山构造带界线；8. 四级火山构造界线；9. 中心式喷发相火山口；10. 喷溢相熔岩穹丘；11. 中心式喷溢相火山口；12. 喷发火山颈；13. 古火山口；14. 三级火山构造编号；15. 矿（床）点及编号；16. 逆断层；17. 正断层

北西向断裂控制了火山喷发口的分布。

庙岭金矿产出于该火山喷发机构的西侧火山喷发群，内部已确定火山喷发中心 1 处，该火山喷发中心呈南北向延长的椭圆形，充填岩性以火山角砾岩为主，次为火山集块岩、晶屑凝灰岩，围岩为鸡蛋坪组流纹斑岩；矿体产于火山口东侧边缘构造带中，矿化以蚀变凝灰岩为最好，矿区 TC42、TC60 两个探槽处凝灰岩较发育地段矿体品位变好、厚度增加，矿石即为火山凝灰岩。此外，除庙岭金矿区外，目前发现的中金金牛、山金九仗沟、东湾等金矿区也位于该火山机构影响范围之内。

2）小章沟火山机构

位于研究区西北部，火山喷发带呈北西向带状展布，向南倾没于潭头-嵩县新生代断陷盆地内部，向北进入洛宁境内。喷发带内包括1个火山喷发群、5个火山喷发中心，火山喷发群整体呈椭圆状，长轴与火山喷发带展布方向一致，喷发中心形态呈近圆形，火山喷发中心连线方向与火山喷发带长轴方向一致，向南靠近新生代盆地方向，两个火山喷发中心连线为北东向，可能与此处发育的北东向断裂有关。

目前，沿该火山机构内部及边缘已发现槐树坪、老代庄、窑沟、范疙瘩、七亩地沟和宽坪沟等多个小型金矿床。

2.4　区域岩浆岩

区内岩浆活动，主要表现为中元古代长城纪熊耳群火山岩、印支期碱性花岗岩和燕山期花岗岩。其中，燕山期花岗岩发育程度远大于印支期花岗岩。

2.4.1　印支期花岗岩

发生在早—中三叠世的秦岭造山带主期造山运动，彻底结束了长期以来（Pt_3～T_2）中国南（扬子板块）北（华北板块）隔海（秦岭洋）相望的古地理构造格局，统一的中国大陆开始形成。黄汲清先生(1945）将这次规模巨大、影响整个中国及东亚的区域构造运动命名为印支构造运动。伴随这次构造运动有大规模的构造岩浆活动，主要集中产出在造山带内部及其附近边缘，如北秦岭造山带宝鸡岩体群、南秦岭造山带中的东江口、五龙、光头山三大岩体群。同位素年代学研究证实，这些花岗岩浆活动时期主要发生于245～200Ma之间（张成立等，2008），与印支期构造运动相对应。

由于研究区处于华北地台南缘，不在秦岭造山带内，因此，本次构造运动在本区并未出现大规模的岩浆活动。从收集到的前人研究资料（卢欣祥等，2008；张成立等，2008）来看，本期构造运动在本区岩浆活动的主要表现为一些小规模的碱性岩、碱性花岗岩、A型花岗岩和煌斑岩脉的侵入。如，嵩县磨沟霓辉正长岩（208Ma 锆石 SHRIMP U－Pb，任富根等，1999）。碱性岩、碱性花岗岩、A型花岗岩和煌斑岩产于拉张环境，是一个构造岩浆旋回演化后期的最终产物，是挤压造山运动结束的标志。可见，早—中三叠世秦岭主造山期，研究区岩浆活动很可能并不强烈，相反，造山后伸展阶段本区岩浆活动相对增强，形成了一系列碱性侵入岩。

本区印支期岩浆活动虽然有限，但是碱性岩浆活动对本区金矿床形成的作用还是相当明显的，如上宫金矿（242±11Ma，蚀变绢云母 Rb－Sr，黎世美等，1993；222.83±24.91Ma，硅化石英 $^{40}Ar-^{39}Ar$ 坪年龄，任富根等，1996），庙岭金矿（245.83～179.79Ma，硅化石英 $^{40}Ar-^{39}Ar$ 坪年龄，任富根等，1996）和北岭金矿（216.04Ma，硅化石英等时线年龄，任富根等，1996）均应与本次岩浆活动有关。

2.4.2 燕山期花岗岩

燕山期花岗岩浆的强烈活动是本区岩浆活动的主要形式。自西向东、自北向南，依次有花山、五丈山、祁雨沟、上方沟、南泥湖、合峪、太山庙等矿区产出花岗岩体。其中，花山、合峪岩体规模巨大，呈岩基出现，其他岩体呈小岩株状产出。现择其代表性岩体描述如下。

1）五丈山岩体

位于研究区西北，形态呈长垣状，长轴走向北西—南东，岩性由中粗粒二长花岗岩、花岗闪长岩组成，含少量镁铁质包体。矿物组成及含量为：石英（20%～30%）、钾长石（约30%）、钠斜长石（约40%）、角闪石（5%～10%）和少量黑云母。角闪石呈自形、半自形状，基本无蚀变，长石斑晶粒径平均约1.2cm，有弱的绢云母化和绿帘石化。副矿物有榍石、磁铁矿、磷灰石和锆石。

2）合峪岩体

位于研究区南部，呈岩基状产出。岩性主要为肉红色粗斑黑云母二长花岗岩，斑晶主要为微斜长石和条纹长石，粒径一般 3～4cm，局部达 6cm×10cm。矿物组成及含量为：石英（20%）、钾长石（约 20%）、钠斜长石（约 30%）、黑云母（10%）和角闪石（5%），含少量镁铁质包体。副矿物有榍石、磁铁矿、磷灰石和锆石。

3）花山岩体

位于研究区西北，与五丈山岩体相邻，侵位于太华群地层内部，呈岩基状产出。岩性主要为肉红色角闪石黑云母二长花岗岩，含钾长石大斑晶，矿物组合及含量与合峪岩体相近，镁铁质包体含量更少，仅在局部出现。

4）太山庙岩体

位于研究区南部，合峪岩体之东，呈岩株状产出。岩性主要为富钾花岗岩，自中心向边缘，钾长石粒径从粗粒→中粒→细粒逐渐过渡。矿物组成及含量为：条纹长石（50%～60%）、钠斜长石（10%～15%）、石英（25%）和少量角闪石。副矿物有磁铁矿、锆石和萤石。显微孔洞发育，揭示其浅成侵位的性质。镁铁质包体罕见。

最新的高精度同位素年代学测试结果显示如下。五丈山岩体年龄：156±1.1Ma，角闪石 $^{40}Ar-^{39}Ar$ 坪年龄，156.8±3.1Ma，角闪石等时线年龄（Han Yigui *et al.*，2009），156.8±1.2Ma，锆石 SHRIMP U－Pb（Li Yongfeng，2005）。合峪岩体年龄：131.8±0.7Ma，黑云母 $^{40}Ar-^{39}Ar$ 坪年龄，132.5±1.1Ma，黑云母等时线年龄：127.2±1.4Ma，锆石 SHRIMP U－Pb（Mao Jingwen *et al.*，2002），花山岩体年龄：130.7±1.4Ma，锆石 SHRIMP U－Pb（Mao Jingwen *et al.*，2005）。太山庙岩体年龄：115±2Ma，锆石 SHRIMP U－Pb（Ye Huishou，2006），雷门沟岩体年龄：136.2±1.5Ma，锆石 SHRIMP U－Pb（Mao Jingwen *et al.*，2005）。南泥湖岩体年龄：158.2±3.1Ma，锆石 SHRIMP U－Pb（Mao Jingwen *et al.*，2005）。上方沟岩体年龄：157.6±2.7Ma，锆石 SHRIMP U－Pb（Mao Jingwen *et al.*，2005）。

岩石地球化学研究表明（Han Yigui *et al.*，2009），研究区燕山期岩浆活动早期形成的五丈山岩体具有高 Ba－Sr 花岗岩特征，中期形成的合峪岩体、花山岩体具有钙碱性 I 型花岗岩特征，晚期形成的太山庙岩体具有 A 型花岗岩特征。从早期→中期→晚期，其所对应的花岗岩岩石地球化学特征，揭示本区花岗岩成岩构造环境经历了一个从造山后岩石圈地壳增厚到迅速减薄的过程，从地壳增厚，下地壳重熔形成高 Ba－Sr 花岗岩→岩石圈伸展，软流圈上升，地壳减薄，形成同熔 I 型花岗岩→岩石圈持续伸展，岩石圈减薄裂解，形成 A 型花岗岩。研究认为，本区燕山期花岗岩岩石学、岩石地球化学特征及其所揭示的成岩构造环境与我国东部大别山地区、胶东地区相似，共同揭示了中国大陆自中—晚三叠世印支期造山后伸展动力学机制下，造山期增厚岩石圈不断拆沉、软流圈上升、地壳持续减薄的过程。

本区燕山期花岗岩成岩构造环境研究深入表明，研究区自 160Ma 以来（以五丈山花岗岩体为代表），已经进入到造山期后大规模伸展动力学背景之下，本区燕山期花岗岩浆活动及其伴随形成的金矿床都必然受此构造背景控制。

2.5　区域重大地质事件及其成矿作用

成矿作用是地质作用的一部分，因此，要想查明成矿作用，就必须全面理解孕育成矿作用发生的地质作用。目前这种认识已经越来越多地被人们接受并应用于找矿实践。如，2006 年南昌第八届全国矿床会议首次提出深部矿产预测方法体系，即成矿地质作用、矿田构造、成矿作用研究“三位一体”深部找矿预测方法体系。通过研究成矿地质作用，确定成矿地质体与矿体空间关系，判别找矿方向；研究矿田构造建立成矿构造深部找矿判别标志；通过成矿作用研究，应用地球化学理论研究成矿流体标志，判别深部矿体规模和位置。强调在“三位一体”找矿预测方法体系中“成矿地质体与矿体空间关系是找矿预测核心内容”。“三位一体”找矿预测方法体系在我国深部找矿过程中获得了巨大成功（叶天竺，2009）。由此可见，深入开展成矿地质作用的研究是成矿预测和找矿突破的关键。近年来，以查明重点成矿区带重大成矿地质事件的研究工作已经取得了很多重要的成果，秦岭多金属成矿带研究成果也位列其中，在此将其展示如表 2-1 所示。

表 2-1　秦岭造山带及周边地区重大地质事件及其成矿作用一览表

（据朱赖民等，2008）

演化阶段	重大地质事件	区域构造环境	容矿岩石	成因类型	典型矿床实例
前寒武纪结晶基底形成阶段	地壳拉伸变薄，引发广泛的火山活动，地幔物质大量进入地表，后经多期变质变形和深熔岩浆作用	古陆块边缘的裂解带	太华群和鱼洞子群变质杂岩	火山沉积—变质铁矿床	陕西略阳鱼洞子铁矿床，河南舞阳经山寺赤铁矿床，铁山铁矿床
中新元古代垂向加积增生为主的扩张裂谷构造体制阶段	与全球中新元古代之交的Rodinia 超大陆从分裂到汇聚相对应，大量的幔源物质底侵作用和扩张裂谷喷发方式垂向涌入地壳，形成秦岭中面状广布的中新元古代双峰火山岩系，与之同时扩张形成多个小洋盆，出现多陆块裂谷与小洋盆并存的复杂构造古地理格局	大陆边缘裂谷与小洋盆 秦岭扩张有限洋盆	碧口群、武当群裂谷型变质火山岩和宽坪群洋盆型变质火山岩 基性—超镁铁岩	双峰式火山作用有关的火山喷流型块状硫化物(VMS) 海底基性—超镁铁岩浆岩熔离型硫化镍矿床和结晶分异型铬铁矿床	甘肃文县筏子坝铜矿床，陕西略阳铜厂铜-铁矿床，陕西略阳东沟坝多金属矿床 陕西洛南松树沟铬铁矿床，陕西略阳煎茶岭镍矿床
新元古代—古生代—中生代初期的板块构造体制阶段	在统一的深部地幔动力学机制下，经历早古生代华北与扬子两板块沿商丹带侧向运动与相互作用的俯冲碰撞演化历程；泥盆纪伊始，随东古特提斯洋的逐步扩张，形成秦岭新的古板块构造格局，勉略有限洋盆打开，秦岭微板块游离出来，商丹俯冲速率减慢，形成秦岭造山带三板块沿两缝合带碰撞造山的基本格局。秦岭微地块北缘由于受俯冲作用的影响，发育由隆升诱发的断陷盆地沉积和残余盆地沉积，其内部扩张裂隙，产生垒堑组合，形成晚古生代彼此分割又相互沟通的断陷盆地（如镇安、旬阳、凤太、西成等盆地）。南秦岭南缘沿勉略一带新生洋盆的强烈扩张，导致发育多类型火山岩、基性—超镁铁质杂岩带和复杂的沉积体系	北秦岭新元古代—早古生代岛弧或弧后盆地 南秦岭早古生代被动陆缘裂陷槽和秦岭微板块内断陷盆地 勉略有限洋盆	斜峪关群安山质火山岩、丹凤群变玄武岩、二郎坪群石英角斑岩 志留系、泥盆系碎屑岩、碳酸盐岩和热水沉积岩 勉略蛇绿构造杂岩带	与岛弧或弧后盆地海相火山热液作用有关的VMS矿床 与海底热水喷流—沉积有关的SEDEX 型铅锌（铜）矿床 海底基性—超镁铁岩浆分结型铬铁矿床和熔离型铜矿床	河南省桐柏刘山岩铜-锌矿床，陕西眉县铜峪铜矿床，陕西户县东流水铜矿床 陕西旬阳南沙沟、泗人沟锌-铅矿床，甘肃成县厂坝-李家沟铅-锌矿床，陕西凤县八方山铅-锌矿床 陕西略阳三岔子、勉县鞍子山铬铁矿矿床，青海玛沁德尔尼铜矿床

续表 2-1

演化阶段	重大地质事件	区域构造环境	容矿岩石	成因类型	典型矿床实例
主造山期后中新生代陆内构造演化阶段	东秦岭在深部复合的地幔动力学背景下，岩石圈地壳处于复杂的区域构造应力场与应变场之中，引起秦岭岩石圈地幔拆沉作用，流变减薄，软流圈急剧抬升，幔源物质、热流体上涌，发生强烈壳幔物质交换，中下地壳加热，部分熔融，强烈伸展流变，导致其从深部地幔动力学的最新调整到上部地壳响应所发生的壳幔相互作用形成同熔型花岗岩或斑岩 秦岭三个板块依次沿勉略带和商丹带向北俯冲碰撞，继之发生中新生代陆相岩层变质变形为突出标记的陆内造山作用，形成陆壳推覆迭置、剪切走滑与断块伸展等新的叠加复合构造	华北地块南缘东秦岭陆内俯冲构造—岩浆活动带 南秦岭陆陆俯冲碰撞带中的脆韧性剪切断裂带	太华群变质杂岩和熊耳群火山岩 熊耳群火山岩和管道口群石英砂岩 太华群变质杂岩、熊耳群火山岩 以泥盆系、三叠系板岩、千枚状粉砂岩或不纯碳酸盐岩为主 泥盆系碳酸盐岩	岩浆热液型金矿床（包括石英脉型蚀变岩型和爆破角砾岩型）斑岩-矽卡岩型钼（钨）矿床 岩浆热液脉型银-铅-锌矿床 卡林—类卡林型金矿床 低温热液改造型汞-锑矿床	河南灵宝文峪石英脉型金矿床，河南洛宁县上宫蚀变岩型金矿床和河南嵩县祁雨沟爆破角砾岩型金矿床 陕西华县金堆城钼矿床，河南南泥湖、三道庄、上房沟和东沟钼（钨）矿床 甘肃文县阳山、陕西风县八卦庙、陕西周至马鞍桥和陕西镇安金龙山金矿床 陕西旬阳公馆汞-锑矿和青铜沟汞-锑矿床

由表 2-1 可见，在秦岭造山带整个演化过程中，不同地质历史时期，受不同地质事件的制约，有不同类型的矿床形成。但是，与本次研究区有关的矿床类型有 3 类：岩浆热液型金矿床（包括石英脉型、蚀变岩型和爆破角砾岩型金矿床）、斑岩-矽卡岩型钼（钨）矿床（如，南泥湖、三道庄、上方沟和东沟钼矿）和岩浆热液脉型银—铅—锌矿床（如，铁炉坪、沙沟银-铅-锌矿床）。3 种类型矿床成矿构造环境演化阶段、区域成矿构造环境相同，均形成于主造山期后中生代陆内构造演化阶段及华北地块南缘东秦岭陆内俯冲构造—岩浆活动带。成矿动力学背景与上述本区燕山期花岗岩成岩动力学背景一致。由此进一步表明，燕山期构造—岩浆活动是研究区成矿的主要时期，是成矿研究和成矿分析的重点。

第3章

区域金矿床成矿分析

3.1　金矿床类型

1）石英脉型金矿

主要分布在研究区西侧的小秦岭地区，本区不发育。据不完全统计，小秦岭地区不同规模的含金石英脉有 1 200 余条，规模自几十米至数千米不等。矿体多呈不连续的透镜状、脉状，以单脉为主，具分支复合、尖灭再现特征，所有矿体均产在韧—脆性剪切带中。分布在东西长 80km、南北宽 7～15km 的范围内，与太古界太华群隆起区完全一致。文峪、东闯、杨砦峪、金硐岔等大型金矿床为石英脉型金矿的典型代表。

2）构造蚀变岩型金矿

是研究区内产出的最主要金矿床类型。它们均产在熊耳群中或在熊耳群与太华群的接触界面附近的断裂构造蚀变带中。矿体严格受断裂构造蚀变带控制，产状与断裂产状相近，控矿断裂构造带金矿化较连续，工业矿体在断裂构造带内分段出现，呈透镜状、脉状，规模自几十米至数百米不等，沿走向和倾向方向可有尖灭再现或侧现、分支复合等现象，矿体倾向延长一般大于走向延长。据卢欣祥等 2002 年统计，目前熊耳山地区已发现 13 个大中型金矿和 2 个大型金银矿床以及许多小型矿床和矿点。著名的上宫金矿、前河金矿、庙岭金矿、北岭金矿等是构造蚀变岩型金矿的典型代表。小秦岭蚀变岩型金矿主要分布于边缘韧—脆性剪切带内，如陕西的葫芦沟、煤田沟、莲子沟及灵宝的周家山、武家山等金矿，但这些蚀变岩型金矿与石英脉型金矿相比，矿床规模及品位都大为逊色。

3）石英脉型＋蚀变岩型金矿

石英脉型＋蚀变岩型金矿是介于石英脉型和构造蚀变岩型的过渡类型，主要分布在与研究区相邻的崤山地区。该类型金矿的主要表现是在一个地区既产出有石英脉型金矿，也产出有蚀变岩型金矿，但二者一般出现在不同构造空间内。此外，崤山地区无论是石英脉型还是蚀变岩型金矿在规模上均比两侧相邻地区的金矿规模小。崤山地区的半宽金矿、申家窑金矿及熊耳山西部与崤山地区衔接部位的康山、白土、红庄等金矿均具有该类矿床的特征。

4）爆破角砾岩型金矿

爆破角砾岩型金矿是熊耳山地区的一种重要的金矿类型，并且可形成大中型矿床，其形成与岩浆地下隐蔽爆发有关，且常与同源、同时代的花岗（闪长）斑岩密切相关，一般成岩筒状，岩筒下部岩浆物质增加，并向花岗斑岩过渡。爆破角砾岩筒主要分布在熊耳山南麓，该类金矿床最大和最有代表性的为祁雨沟（大型）金矿床。

综上可见，自西向东，从小秦岭→崤山→熊耳山，区域上金矿床类型有规律变化，即小秦岭地区以石英脉型金矿为主，蚀变岩型金矿不发育；熊耳山地区则以构造蚀变岩型金矿为主，石英脉型金矿不发育；二者衔接部位的崤山地区则以石英脉型和蚀变岩型同时出现为主，但与两侧各自为主的金矿床类型相比，崤山地区无论是石英脉型还是蚀变岩型金矿在规模上均比两侧弱，反映出两类主要金矿类型在此部位过渡的特点。

3.2 成矿时间

1）印支期成矿

成矿背景研究表明，本区印支期岩浆活动相对有限，主要以一系列印支期主造山期末的碱性脉岩出现为标志，而造山期大规模同碰撞花岗岩未见。尽管如此，仍有证据表明（表 3-1），本区印支期有限的岩浆活动对金矿床形成有贡献。

2）燕山期成矿

从当前区域成矿研究认识来看，燕山期是包括本区在内的整个中国中东部地区金多金属矿产的主成矿期，这一认识得到了本区及其邻区金多金属矿床成矿年龄的支持（表 3-2）。此外，有必要指出的是，本区金矿床形成具有多期成矿叠加的特点，其证据来源于表 3-1 列举的本区几个大型金矿床。印支期成矿年龄的测试对象均为矿床内部早阶段金矿化岩石/矿物，而这些矿床内部同样有燕山期成矿年龄存在

表 3-1　熊耳山及邻区金矿床印支期成矿年龄汇总表

序号	采样地区	采样地点（矿床）	矿床类型	测试矿物（成矿阶段）	测试方法	年龄值/Ma	资料来源
1	熊耳山	上宫金矿	早阶段蚀变岩	蚀变绢云母	Rb-Sr	242±11	(1)
2	熊耳山	上宫金矿	早阶段蚀变岩	硅化石英	$^{40}Ar-^{39}Ar$	222.83±24.91（坪年龄）	(1)
3	熊耳山	庙岭金矿	早阶段蚀变岩	硅化石英	$^{40}Ar-^{39}Ar$	245～179（坪年龄）	(2)
4	熊耳山	北岭金矿	蚀变岩	硅化石英	$^{40}Ar-^{39}Ar$	216.04（等时线年龄）	(2)
5	小秦岭	东桐峪矿区金矿带	石英脉	碱性长石	Rb-Sr	208.2	(3)
6	小秦岭	15 号含金石英脉	石英脉	蚀变白云母	K-Ar	237.54±4.80	(4)
7	小秦岭	金硐岔 9、60 号石英脉	石英脉	石英中流体包裹体	Rb-Sr	278±19	不详
8	小秦岭	张家坪（湘子岔）	构造蚀变岩	黄铁矿	$^{40}Ar-^{39}Ar$	208（坪年龄）	(5)
9	小秦岭	桃园	构造蚀变岩	绢云母	K-Ar	211	(2)
10	东秦岭	大赵峪金矿	石英脉	黄铁矿	$^{40}Ar-^{39}Ar$	243.65±61.32（坪年龄）	(5)
11	东秦岭	毛堂金矿	爆破角砾岩	黄铁矿	$^{40}Ar-^{39}Ar$	222.95±7.58（坪年龄）	(5)

资料来源：(1)黎世美等，1994；(2)任富根等，1996；(3)王秀章等，1992；(4)胡正国等，1994；(5)严阵等，1993。

（表 3-2），由此表明，多期成矿叠加对大型金矿床形成有贡献。

此外，邱庆伦等（2008）基于小秦岭-熊耳山地区多金属矿床辉

表 3-2 熊耳山及邻区金矿床燕山期成矿年龄汇总表

序号	采样地区	采样地点（矿床）	矿床类型	测试矿物（成矿阶段）	测试方法	年龄值/Ma	资料来源
1	熊耳山	上宫金矿	蚀变岩	绢英岩	Rb-Sr	165.24±6.55	(1)
2		上宫金矿	蚀变岩	绢云母	Rb-Sr	112.59±6.29	(1)
3		祁雨沟金矿	爆破角砾岩	矿石黄铁矿	Rb-Sr	103	(2)
4		祁雨沟金矿	爆破角砾岩	钾长石	$^{40}Ar-^{39}Ar$	125～115	(3)
5		祁雨沟金矿	爆破角砾岩	角砾岩	Rb-Sr	114.7～112.6	(4)
6		前河金矿	蚀变岩	成矿蚀变岩	Rb-Sr	155	(5)
7		嵩坪沟15号脉(银、金矿)	石英脉	石英包裹体	Rb-Sr	99.0±9.0	(6)
8		窑沟金矿	蚀变岩	石英脉中钾长石	K-Ar	155.46±3.55	(7)
9		窑沟金矿	蚀变岩	石英脉中钾化英安岩	K-Ar	151.01±3.68	(7)
10		窑沟金矿	蚀变岩	石英脉中钾长石	K-Ar	115.23±2.58	(7)
11		窑沟金矿	蚀变岩	钾长石	K-Ar	115.2±2.6	(8)
12		栾川界岭黄沟	蚀变岩	石英脉中钾长石	K-Ar	111.71±3.31	(7)
13	小秦岭	小秦岭505号石英脉	石英脉	方铅矿(Ⅲ)	$^{40}Ar-^{39}Ar$	85.30±2.04（全熔）	(9)
14		小秦岭金矿	石英脉	黑云母	$^{40}Ar-^{39}Ar$	128.5±0.27	(10)
15		小秦岭金矿	石英脉	黑云母	$^{40}Ar-^{39}Ar$	126.7±0.27	(10)
16		杨砦峪60号石英脉	石英脉	石英中流体包裹体	Rb-Sr	161.5±17.9	不详
17		东闯金矿507号脉	石英脉	石英包裹体	$^{40}Ar-^{39}Ar$	139.7±7.3（马鞍形）	不详
18		东闯金矿507号脉	石英脉	石英包裹体	$^{40}Ar-^{39}Ar$	118.3±6.5（马鞍形）	不详

资料来源：(1)陈衍景，1992；(2)卢欣祥，1994；(3)Yang Jinhui，2003；(4)陆松年，1997；(5)强立志，1993；(6)崔豪，1992；(7)范光，1995；(8)张邻素，1991；(9)卢欣祥，1986；(10)王义天，2001。

钼矿 Re－Os 模式年龄、矿物$^{40}Ar-^{39}Ar$年龄、高精度矿物和岩石 Rb－Sr 等时线测年数据，以及与成矿相关花岗岩的 SHRIMP 测年数据的分析和研究，认为小秦岭-熊耳山地区燕山期大规模成矿作用主要出现在 140Ma 和 120Ma 两个时期（表 3－3，图 3－1），其中钼钨铅锌矿系列主要形成于早成矿期，金矿形成于晚成矿期。根据与这两个

表 3－3　小秦岭-熊耳山地区多金属矿床同位素年龄数据一览表

（据邱庆伦等，2008）

成矿时间/Ma	矿床名称	测试矿物	测试方法	测试结果/Ma	资料来源
220	黄龙铺钼矿	辉钼矿	Re－Os	221.5±0.3 216±2 222±4	Stein 等,1997 杜安道,1994 黄典豪,1994
140	金堆城钼矿	辉钼矿	Re－Os	138±0.5 141±4 139±2	Stein 等,1997 杜安道,1994 杜安道,1994
	石家湾钼矿	辉钼矿	Re－Os	136±8	黄典豪,1994
	木龙沟钼矿	未知	Rb－Sr	142	毛景文,2005
	沙沟银铅锌矿	绢云母 铬云母	$^{40}Ar-^{39}Ar$ 坪	145.0±1.1 147±1.5	毛景文,2006
	嵩坪沟银铅矿	长石	K－Ar	133～123	陈旺,1995
	冷水北沟铅锌矿	黑云母	$^{40}Ar-^{39}Ar$ 坪	137.2±2.5	燕长海,2004
	上方沟钼矿	辉钼矿	Re－Os	144.8±2.1 145.0±2.2 145.8±2.1	Li 等,2004 Li 等,2004 毛景文,2005
	南泥湖钼钨矿	辉钼矿	Re－Os	141.8±2.1 148±10	李永峰,2004 黄典豪,1994
	三道庄钼矿	辉钼矿	Re－Os	144.5±2.2 145.0±2.2 145.4±2.0	毛景文,2005
	雷门沟钼矿	锆石	SHRIMP	136.2±1.5	李永峰,2005
		辉钼矿	Re－Os	132.4±2.0 131.6±2.0 133.1±1.9	李永峰,2005 毛景文,2005 毛景文,2005

续表 3-3

成矿时间/Ma	矿床名称	测试矿物	测试方法	测试结果/Ma	资料来源
120	小秦岭金矿	黑云母	$^{40}Ar-^{39}Ar$ 坪	128.5±0.27 126.7±0.27	王义天,2002
	上宫金矿	石英	Rb-Sr	112.6±6.3	陈衍景,1992
	窑沟金矿	钾长石	K-Ar	115.2±2.6	张邻素,1991
	祁雨沟金矿	钾长石	$^{40}Ar-^{39}Ar$ 坪	125±3 124±4 115±2 122±0.4	王义天,2001

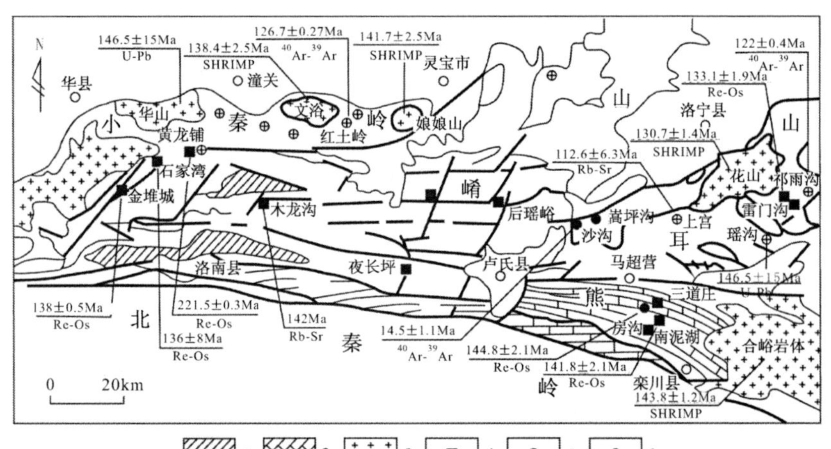

图 3-1 小秦岭-熊耳山地区地质和成矿成岩年龄分布图

(引自邱庆伦等，2008)

1. 寒武系；2. 灰岩；3. 花岗斑岩；4. 钼矿；5. 金矿；6. 铅锌矿

成矿期所对应的岩浆热事件，说明是两期岩浆活动的结果，其所对应的地球动力学背景分别为构造体制大转换和岩石圈大规模拆沉作用下的伸展环境。

3.3　成矿物质来源

1）铅同位素

目前已有很多研究者利用铅同位素对研究区金多金属矿床成矿物质来源开展过研究工作，得出的认识基本一致。在此择其代表性成果总结如下。

图 3-2、图 3-3 和图 3-4 是不同研究者的研究成果，据此可以对研究区金矿床成矿物质来源得到如下几点认识。

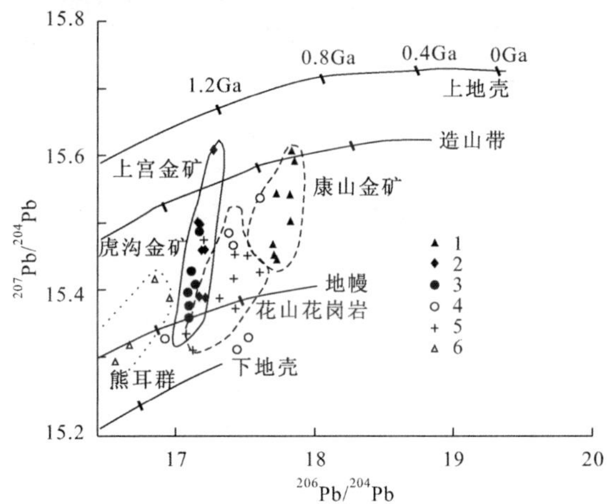

图 3-2　研究区矿石、围岩及花岗岩构造铅模式图

（据邵世才，1994）

1. 康山金矿；2. 上宫金矿；3. 虎沟金矿；4. 太华群；5. 花山花岗岩；6. 熊耳群

（1）小秦岭-熊耳山地区的石英脉型、爆破角砾岩型和蚀变构造岩型金矿床，无论其矿石建造如何，它们的铅同位素组成特征都十分接近，这种一致性特征表明，它们具有来源上的统一性。

（2）不同类型金矿床的铅同位素的组成形式普遍以含放射成因铅低为特征。在构造铅模式图上，矿石铅同位素数据点绝大多数投影到铀铅图解上的造山带铅平均演化曲线以下，说明铅主要来自铀亏损的

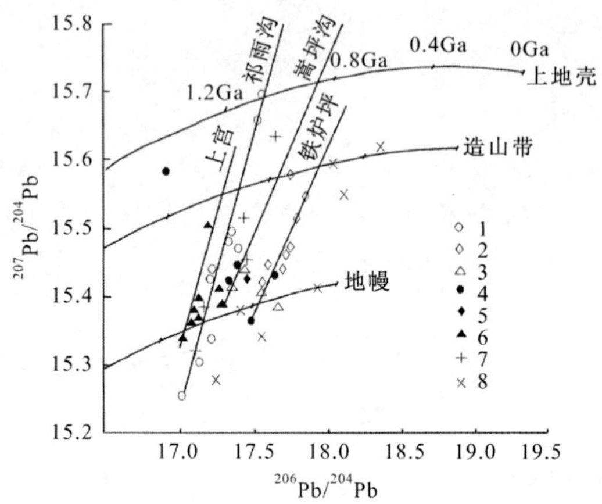

图 3-3　熊耳山地区金银铅矿石铅、花岗岩长石铅构造模式图

（据崔毫等，1995）

1. 祁雨沟金矿床；2. 铁炉坪银铅矿床；3. 嵩坪沟金银铅矿床；4. 程家沟银铅矿床；5. 回春沟银铅矿床；6. 上宫金矿床；7. 花山花岗岩长石铅；8. 华岗班岩长石铅

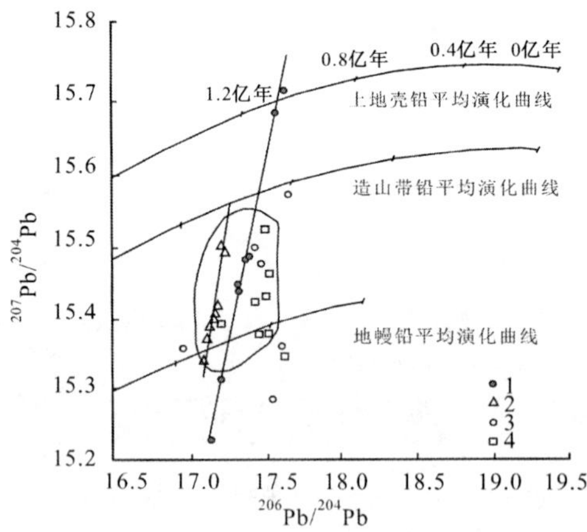

图 3-4　熊耳山地区典型金矿床矿石铅、花岗岩和太华群铅构造模式图

（据王长明等，2006）

1. 祁雨沟金矿床；2. 上宫金矿床；3. 太华群；4. 花山花岗岩

下部地壳，而不是直接来自上地幔。

(3) 矿石铅数据点在图解上呈明显的线性排列，表现出混合铅特征，说明铅的来源并不单一，除主要来自下地壳外，还有上地壳铅的混入。

(4) 矿石铅和燕山期花岗岩长石铅同位素组成十分相似，暗示两者来自同一源区，表明金成矿作用与燕山期酸性岩浆活动有着密切的成因关系。

(5) 以矿石铅和长石铅组成形式为基础，可以将本区金多金属矿床铅同位素演化过程重塑如下：在晚太古代—早元古代，大规模的基性—中基性—中酸性火山活动形成绿岩带，地幔铅进入其中。早期地壳形成以后，在上下地壳之间发生了铀钍铅的补偿分配，使下部地壳发生铀亏损，铅演化为下部地壳铅，在后来的地质作用中，尤其是在燕山期，在区域伸展背景下，岩石圈大规模伸展减薄，软流圈上涌，壳幔物质混合，形成本区广泛发育的燕山期同熔花岗岩浆，这种酸性岩浆继承了下地壳铅的低放射成因特征，并在其向上侵入过程中吸取了部分地壳上部的地壳铅，从而形成以下地壳铅为主并混染有上部地壳铅的混合铅。由该岩浆分泌的含矿热液上升至地壳浅部，在构造破碎带或爆破角砾岩带内通过交代，充填作用而形成金矿床。

2) 硫同位素

图 3－5，表 3－4 是熊耳山地区不同类型典型金矿床硫同位素组成，由图表可见本区有如下特点。

(1) 太华群岩石中黄铁矿的 $\delta^{34}S‰$ 为 1.3～5.7，平均 3.2。太华群岩石的原岩主要为中基性的火山岩夹少量陆源沉积物，无疑在原始物质中含有大量幔源硫成分。这些原始硫在强烈的区域变质作用过程中，要经历氧化还原反应、交换反应及其他地球化学动力学过程，这必定会产生硫同位素分馏，使它们的 $\delta^{34}S‰$ 偏离陨石值。从分析结果来看，偏离不大，仍显示出中基性火山岩具低 $\delta^{34}S‰$ 的特点。

(2) 熊耳群安山岩 $\delta^{34}S‰$ 为 2.5～5.4，平均 4.2，属低正值，具有深源硫的特点。

(3) 燕山期花岗岩中黄铁矿的 $\delta^{34}S‰$ 为 1.8～5.4，平均 3.2，与太华群变质岩相近，说明岩浆热液的硫质来自古老地层。

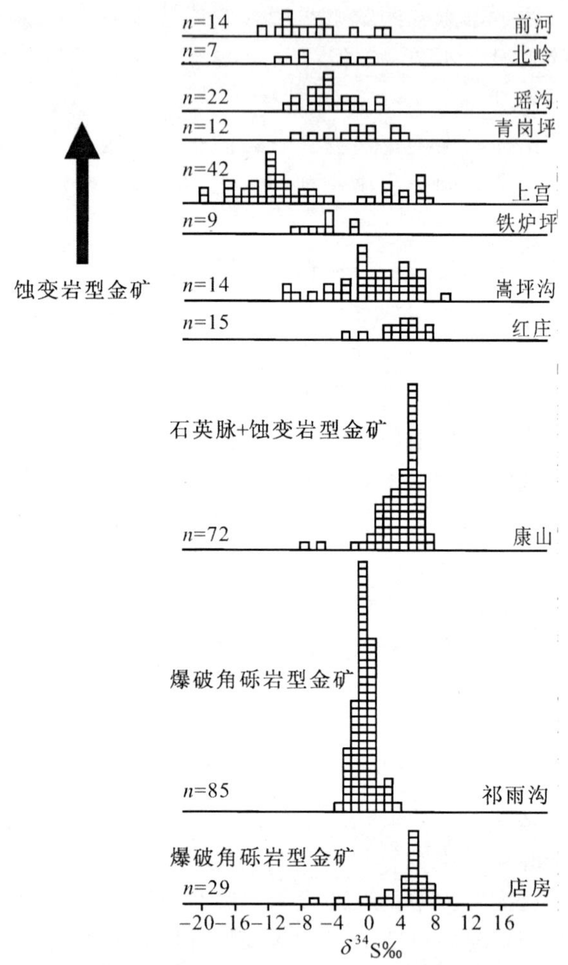

图 3-5　熊耳山地区不同类型典型金矿床硫同位素组成

（据卢欣祥等，2003）

（4）各类金矿床的硫同位素组成不尽一致，祁雨沟爆破角砾岩型金矿的硫同位素组成近于零值，显示出由花岗斑岩岩浆衍生出的含金成矿热液的特点；康山金矿 $\delta^{34}S$‰为 2.6～5.3，红庄金矿 $\delta^{34}S$‰为 2.7～5.0，都为低的正值；而瑶沟金矿 $\delta^{34}S$‰为－0.1～－6.9，金家

表 3-4　熊耳山地区岩石及金矿床硫同位素组成

（据范宏瑞等，1994）

编号	样品号	地点	注	矿物	$\delta^{34}S‰$
1	GP-DF4-S *	太华群	黑云斜长片麻岩	黄铁矿	2.9
2	Sb-DF1 *				5.7
3	GDF45 *		斜长角闪岩		2.9
4	FH665		斜长角闪岩		1.3
5	SH6-3	熊耳群	杏仁状安山岩	黄铁矿	4.3
6	SH-22		大斑含杏仁状安山岩		4.6
7	CHm-DF1 *				2.5
8	CHx-DF1 *		安山岩		5.4
9	FH052	花山花岗岩	斑状角闪黑云二长花岗岩	黄铁矿	2.3
10	HDf3 *		黑云母花岗岩		1.6
11	HDf2 *				5.4
12	SH-13	上宫金矿	早期石英脉	黄铁矿	2.1
13	Sg-PD3 *				4.2
14	Rz-PD3 *				4.1
15	Sb1-3		金-碲化物方铅矿、黄铁矿阶段	黄铁矿	−11.4
16	Sb1-4				−11.1
17	Sb2-2				−12
18	Sb7				−9.1
19	Sb8				−11.6
20	Sb16				−6.3
21	Sb3-5		晚期硫化物	方铅矿	−16.2
22	PD5-CM6 *			黄铜矿	6.7
23	PD20-DF1 *			黄铁矿	0.9
24	PD20-DF2 *			方铅矿	6.1
25	FH613	康山金矿		黄铁矿	3.7
26	FH631				3.9
27	FJ-DF1 *				5.1
28	DF1-FD4 *				5.3
29	pd1-df1 *				2.6

续表 3-4

编号	样品号	地点	注	矿物	$\delta^{34}S$‰
30	ggD27	金家湾金矿		黄铁矿	−6.1
31	gg130				−10.9
32	FH645	红庄金矿		黄铁矿	3.9
33	FH647				4.2
34	Hg-DF1 *				4.6
35	DF1-A *				5
36	DF1-B *			闪锌矿	2.7
37	FH502	前河金矿		黄铁矿	−10.3
38	Qh-DF1 *				−12.5
39	FH071-1	瑶沟金矿		黄铜矿	−4.4
40	FH071-2			黄铁矿	−0.1
41	FH076				−6.7
42	FH077-2			辉银矿	−4.8
43	FH077-1			黄铁矿	−4.5
44	FH693				−6.9
45	FH695				−6.8
46	XQ-1	祁雨沟金矿		黄铁矿	−0.3
47	XQ-3				−0.4
48	XQ-4				−0.9
49	XQ-5				−0.3
50	XQ-7				−1.3
51	XQ-8				−0.9
52	XQ-14				0
53	XQ-16				0.6
54	XQ-20				0.5
55	XQ-22				−2.3
56	XQ-26				0.1
57	XQ-29				0.6
58	XQ-30				−1.1
59	XQ-31				−3

湾金矿 $\delta^{34}S$‰为－9.1～－10.9，上宫金矿早阶段 $\delta^{34}S$‰为 2.1～4.2，而金成矿阶段为－6.3～－16.3，都为低至中等的负值，表明各金矿的硫同位素组成并不一致（图 3－5），而它们不协调的原因是成矿热液中硫同位素分馏所造成的（范宏瑞等，1994）。

3）碳同位素

由图 3－6 可见，本区矿床的 $\delta^{13}C$‰为－4.89～－0.79，在 $\delta^{13}C$‰－$\delta^{18}O$‰图上，主要落在"太古代绿岩"范围内，也与加拿大 Superior 省 Au－Ag 矿一致，说明碳来自太古代地层（太华群）。Kerrich（1990）认为当流体中 CH_4+CO_2 含量小于 10%（mol）时，矿物与流体的 $\delta^{13}C$ 分馏约为 2‰。本区成矿流体的 CH_4+CO_2 含量小于 1%（mol，邵世才等，1994），所以可估算出上宫、康山和虎沟矿床成矿流体的 $\delta^{13}C_{\Sigma C}$ 分别为 0.3‰，－2.9‰和－1.0‰，它们与原生碳组成较为接近，反映了深源碳的特征，即源自太华群。

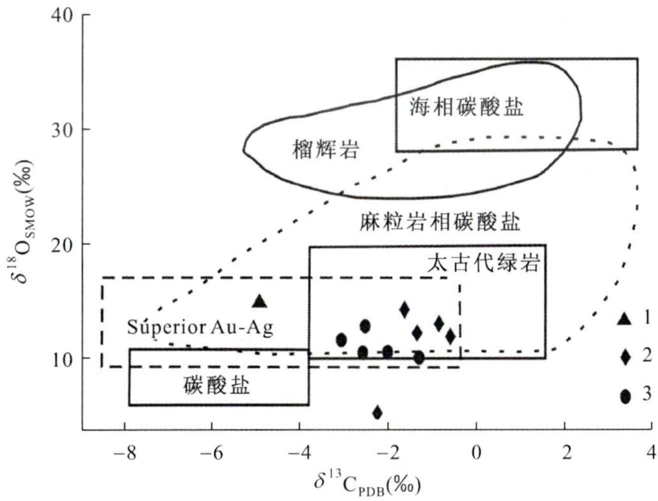

图 3－6　研究区典型蚀变岩型金矿床碳－氧同位素图解

（据邵世才等，1994）

1. 康山金矿；2. 上宫金矿；3. 虎沟金矿

3.4 成矿流体来源

前人对本区金多金属矿床成矿流体来源已开展过大量的研究工作，研究认识基本一致，在此择其代表性研究成果总结如下。

由表 3-5、图 3-7 可见，本区老基底太华群变质岩的 $\delta^{18}O_{水}$‰为 5.8～6.8，$\delta D_{水}$‰为－24.5～－27.6，明显落在变质水范围内；花岗岩的 $\delta^{18}O_{水}$‰为 6.6～8.5，$\delta D_{水}$‰为－64.7～－68.7，落在岩浆水范围内；各类金矿床包裹体水的氢氧同位素组成都很接近，如将其

表 3-5 熊耳山地区变质岩、花岗岩及金矿床氧同位素及石英流体包裹体水氢氧同位素组成

（据范宏瑞等，1994）

样号	样品	$\delta^{18}O_{石英}$‰	形成温度（℃）及成矿阶段	$\delta^{18}O_{水}$‰ 计算值	$\delta D_{水}$‰ 计算值
FH672	太华群混合岩	9.9	450	6.8	－24.5
FH669	太华群伟晶岩	9.9	400	5.8	－27.6
FH044	燕山期花岗岩	7.9	600	6.6	－68.7
FH052	燕山期花岗岩	9.8	600	8.5	－64.7
RZ/PD3	上宫金矿	12.2	260（Ⅱ）	3.7	－72.8
RZ/PD5		14.0	250（Ⅰ）	5.1	－83.7
JF-4	金家湾金矿	15.5	220（Ⅱ）	5.0	－83.6
			310（Ⅰ）	8.9	－56.2
88130		14.9	220（Ⅱ）	4.4	－70.0
			310（Ⅰ）	8.4	－56.5
FH065	窑沟金矿	10.0	360（Ⅱ）	1.5	－55.2
			370（Ⅰ）	5.2	－45.1
Z-01	祁雨沟金矿	11.5	280（Ⅱ）	3.8	－77.1
Z-84-3		11.5	290（Ⅱ）	4.2	－77.7
			410（Ⅰ）	7.7	－61.6
Z-25		11.9	290（Ⅱ）	4.6	－75.9
			400（Ⅰ）	7.8	－70.6
Z-26		11.7	400（Ⅰ）	7.6	－67.9

投影在氢氧同位素组成图解（图 3－7）上可以发现，成矿早阶段（金搬运阶段）的投影点都位于岩浆水范围内，与花山花岗岩包裹体水的投影点非常接近，而与变质岩中水的投影点截然不同，说明成矿热液来源与花岗岩岩浆热液活动有成因关系而与变质热液无关；第二阶段（金沉淀成矿阶段）的投影点偏出岩浆水区，向雨水线靠近，但仍在岩浆水区附近。$\delta D_{水}$‰与 $\delta^{18}O_{水}$‰发生漂移的原因是大气降水沿构造裂隙下渗，与初始成矿热液发生混合。因此，随着热液的演化，大气降水参与了成矿作用，也正是由于大气水的混入，造成成矿热液物理化学条件的骤变，矿质沉淀。

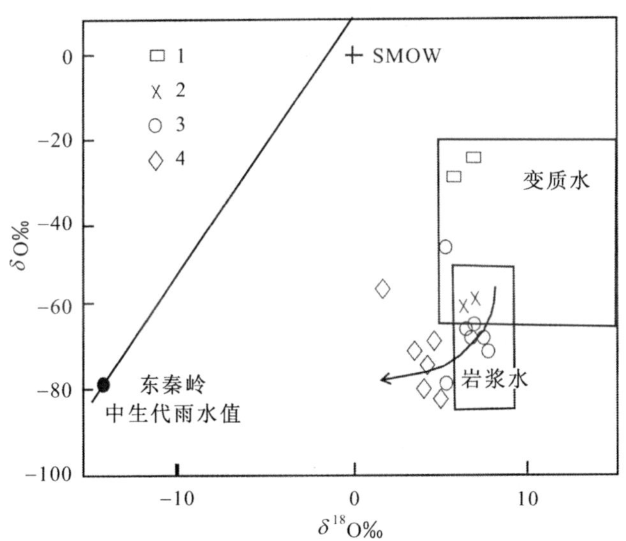

图 3－7　熊耳山地区各类热液氢氧同位素组成

（据范宏瑞等，1994）

1. 区域变质热液；2. 燕山期花岗岩浆热液；3. 金运移期（早期）成矿热液；4. 金沉淀期成矿热液

3.5　地层控矿分析

由表 3－6 可见，太华群绿岩带应为本区矿床的初始矿源层。同时，区内矿床矿石铅同位素（表 3－4、图 3－2、图 3－3、图 3－4）亦表明，成矿与太华群绿岩及燕山期花岗岩有密切联系。

表 3－6 熊耳山地区主要地质体微量元素平均含量表（Au×10^{-9}，其他×10^{-6}）

地质体	样品数	Au	Ag	Pb	Zn	Cu	As	Sb	Ba	W	Sn	Mo	资料来源
太华群	505	0.94	0.045	15.89	50.63	16.10	1.53	0.20	0.13	0.84	1.58	0.98	陈德杰，1996
	223	1.85											邵世才等，1994
熊耳群	500	0.65	0.039	19.46	113.2	12.30	1.44	0.35	0.10	1.34	1.99	1.68	陈德杰，1996
	133	0.90											邵世才等，1994
花山岩体	162	0.49	0.04	14.94	39.17	8.04	1.34	0.28	0.26	0.55	1.27	1.63	陈德杰，1996
		1.05											邵世才等，1994
维氏丰度		4.20	0.07	16.0	83.0	47.0	1.70	0.50	0.01	1.30	2.50	1.10	

3.6 构造控矿分析

1）构造控矿格架

图 3－8 是熊耳山地区金多金属矿床区域分布略图，由图可见，本区金多金属矿床在空间分布上具有明显的东西成带、北东成行的特点。在东西方向上，南北各有一条金多金属成矿带，其中，北带由嵩坪沟、草沟、铁炉坪、大麻园、虎沟、干树凹、上宫、青岗坪、五丈山、雷门沟、祁雨沟等金多金属矿床构成，矿床主要产于太古界太华群与中元古界熊耳群接触带靠太华群一侧，矿体受断裂构造控制明显；南带由康山、星星印、元岭、红庄、南坪、潭头、前河、店房等

金多金属矿床组成，矿床主要产于中元古界熊耳群内部，矿体受与马超营断裂带平行的边缘断裂构造控制。另一个主要特点是，绝大多数矿床定位于东西向断裂/接触边界与北东向断裂交汇部位或附近。此外，矿床沿地区性的北东—北北东向断裂成行分布，如铁炉坪-大麻园断裂控制铁炉坪、大麻园和草沟银金矿的分布；康山-七里坪断裂控制康山、星星印、上宫、虎沟和干树凹等金矿的分布；石窑沟-焦园-青岗坪断裂控制元岭、南坪、红庄、罗叉沟和青岗坪金矿的分布；潭头-祁雨沟断裂控制潭头、瑶沟、祁雨沟金矿和雷门沟钼矿、黄水庵钼-铅（铀）矿的分布。

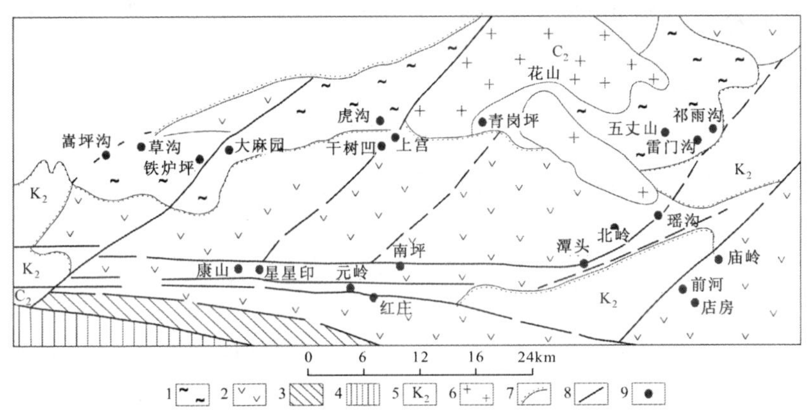

图 3-8　熊耳山地区金矿分布略图

（据胡受奚等，1995，本书作者略有修改）

1. 太古界太华群；2. 中元古界熊耳群；3. 中元古界官道口群和晚元古界栾川群；4. 秦岭造山带；5. 中新生代盆地；6. 中生代花岗岩；7. 不整合界线；8. 马超营断裂带；9. 金（银、钼）矿床

从本区金多金属矿床上述空间分布特征不难得出构造控矿作用显著的认识，具体表现为控矿构造体系发育完整，其中：①东西向马超营断裂及熊耳山北坡的剥离断层起着导矿构造的作用；②北东向区域性断裂构造在本区金多金属热液矿床中起着配矿构造的作用；③上述两条东西向断裂与区域性北东向断裂交汇部位及与两条东西向断裂或

北东向区域性断裂相连的次级断裂构造，它们可以是北东向、北西向、东西向、南北向断裂，也可以是火山机构断裂构造起着容矿构造的作用。

2）区域构造应力场与成矿

构造应力场不仅是导致构造形成、产出和分布的直接动力，而且也是控制成矿热液运移、分异、沉淀的关键控制因素。矿床的形成和分布、矿化的富集与贫化、保存与剥蚀均与构造应力场有着十分密切的关系。因此，查明构造应力场与成矿关系是深入理解构造控矿作用、矿床空间分布规律和找矿潜力评价的必经途径。

本区不同方向的断裂构造发育，赋矿构造方向多样，构造应力场演化复杂，因此，区域构造应力场与成矿关系的认识，有赖于对区域范围内控矿断裂构造几何学、运动学、动力学和矿化蚀变特征的综合研究，进而结合区域构造应力场演化过程，运用构造解析的方法，得出区域构造应力场与成矿关系的认识。对此，胡受奚等（1988）、陈衍景等（1992）、燕建设等（2000）和段存基（2004）均开展过较为系统的研究，在此，将前人有关区域构造应力场与成矿关系的研究成果综合归纳于表 3 - 7。

成矿前，由于华南、华北两大板块在海西—印支期的对接碰撞，本区发生了强烈的近南北向挤压作用，使形成于中元古代早期的张性古马超营断裂在三叠纪发生陆内俯冲而呈压性，并派生出二级扭性的北东向康山断裂、上宫断裂、焦园断裂和潭头-嵩县盆地边缘断裂（F_4）以及发育程度较低的北西向扭裂（陈衍景等，1992）。北东向断裂切割了深部矿源层，从而与马超营断裂共同构成导矿构造，为矿质迁移和矿液运移提供了通道。该阶段熊耳群喷发层理因受强烈的挤压作用而发生层间滑脱，形成与地层产状一致的层间挤压破碎带，为后期矿质沉淀提供了空间。

成矿早期（早侏罗世），碰撞挤压之后的伸展作用以及太平洋板块的远距离效应使本区处于近南北向的拉张状态，马超营断裂呈现张性，而北东向和北西向断裂分别为压扭性和张扭性。含矿热液从受挤压的导矿构造北东向断裂被“挤出”而迁移到相对开放的北西向断

表 3－7　区域构造应力场演化与断裂构造成矿关系

时代	海西—印支期	燕山期			喜山期
		J_1	J_2—K_1	K_2	
近东西向(如马超营断裂带)	压性	张性	压扭性—张扭性转化	张扭性	压扭性
北东向(如潭头-嵩县盆地边缘断裂、星星印-上宫断裂)	扭性	压扭性	张扭性—压扭性转化	压扭性	张性
北西向(如槐树坪 F29、崔香洼 F985 断裂)	扭性	张扭性	压扭性—张扭性转化	张扭性	压性
近南北向(如东湾 F1、F2、F3 断裂)	张扭性	压扭性	张扭性—压扭性转化	压扭性	张扭性
矿化蚀变特征		硅化、钾长石化、绢云母化、黄铁矿化，以石英—黄铁矿组合为特征	硅化、绢云母化、多金属硫化物化、钾长石化，以石英和多金属硫化物为特征	碳酸盐化、绿泥石化、硅化、萤石化，以碳酸盐—石英组合为特征	
应力场	近南北向挤压	近南北向引张	近南北向挤压(为主)与引张交替进行	近南北向引张	以北东—南西向挤压为主
相对时期	成矿前	成矿早期	主成矿期	成矿晚期	成矿后

裂，在有利的扩容空间形成以石英—黄铁矿组合为特征的早期矿化(照片 3－1、照片 3－2)，蚀变则为硅化、钾长石化、绢云母化和黄铁矿化。与此同时，熊耳群内部的层间构造在早期压性的基础上叠加了张性脆性变形，从而也在局部充填了弱矿化石英脉（照片 3－3)。

照片 3-1 九仗沟矿区 470m 坑口斜坡道下 435 中段石门附近的成矿早期石英黄铁矿脉体，石英乳白色，黄铁矿粒度较粗

照片 3-2 东湾矿区 TC9001 南 10m 处近东西向断裂内部充填的成矿早期石英硫化物脉体

主成矿期（晚侏罗世至早白垩世），由于印度—澳大利亚板块和

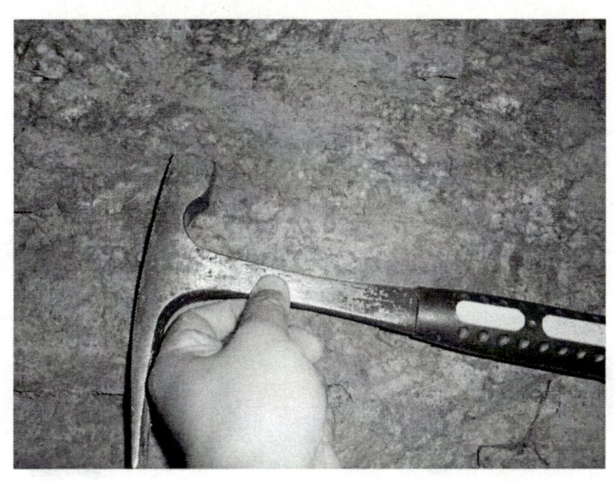

照片 3-3　九仗沟 435 中段沿火山岩层间构造充填的缓倾斜（40°∠15°）石英脉，呈乳白色，硫化物稀疏，局部可见此阶段石英呈构造角砾出现，角砾之间被硫化物胶结，推断其为早期成矿阶段产物，与黄铁矿-石英阶段对应

太平洋板块对欧亚板块远距离效应的影响（以前者为主）（胡受奚等，1988），使华北板内熊耳山地区的伸展作用具脉动性特点，即近南北向的挤压与拉张交替进行。以挤压为主，且活动时间长，北东向和北北东向断裂具张扭—压扭相互转化的力学性质，而北西向断裂具压扭—张扭相互转化的力学性质，北东向、北北东向和北西向破碎带范围变宽，微裂隙愈加发育，易于面型渗透，形成蚀变带宽、矿物组合复杂的断裂构造蚀变带。该期蚀变以硅化、绢云母化、多金属硫化物化为主，形成以石英和多金属硫化物组合为特征的蚀变岩型金矿体（化）的主体（照片 3-4、照片 3-5）。与此同时，熊耳群内部的层间破碎带构造也因多次活动使金矿化进一步富集，在某些部位形成金矿体（照片 3-6）。

成矿晚期（晚白垩世），熊耳山地区的伸展构造作用更趋强烈，区域主应力场表现为近南北向的拉张，主要含金构造蚀变带北东向北

照片 3-4 九仗沟矿区 351 中段沿北北东向 F1 断裂构造主裂面下盘邻断节理充填的主成矿期多金属硫化物细脉（已氧化）

照片 3-5 槐树坪矿区 ZK29-0709 钻孔 580m 附近揭露的北西向 F29 断裂内主成矿期多金属硫化物角砾胶结矿石

照片 3－6　槐树坪矿区马蹄沟口 LD03 沿熊耳群层间破碎带产出的 M1 矿体主成矿期多金属硫化物角砾胶结矿石

北东向断裂呈压扭性，在断裂构造由陡变缓部位形成启张或断裂构造下盘进一步发育邻断节理，北西向断裂呈现张扭性，沿断裂构造形成一系列不规则的微张扭性的石英碳酸盐细脉，切穿矿脉（体），伴随的围岩蚀变也较弱，主要是碳酸盐化、绿泥石化、硅化和萤石化等。该期以弱矿化或无矿的碳酸盐—石英组合为特征，对矿床形成贡献很小，标志着矿化进入了尾声。

3.7　岩浆岩控矿分析

已有的研究表明，本区金多金属矿床形成与花岗岩具有成生联系，尤其是燕山期花岗岩与本区金多金属矿床具有密切的成生关系。花山花岗岩体是本区出露面积最大，成岩时间（130.7±1.4Ma，锆石 SHRIMP U－Pb，Mao Jingwen *et al.*，2005）与成矿时间相近，四周环绕的金多金属矿床（点）较多的燕山期花岗岩体（图 3－9），为进一步证实其与金多金属矿床成因联系，王长明等（2006）以该岩体为研究对象，从多个角度论证了其对本区金多金属成矿的影响（图3-4、图3-9、图3-10、图3-11、图3-12和图3-13）。

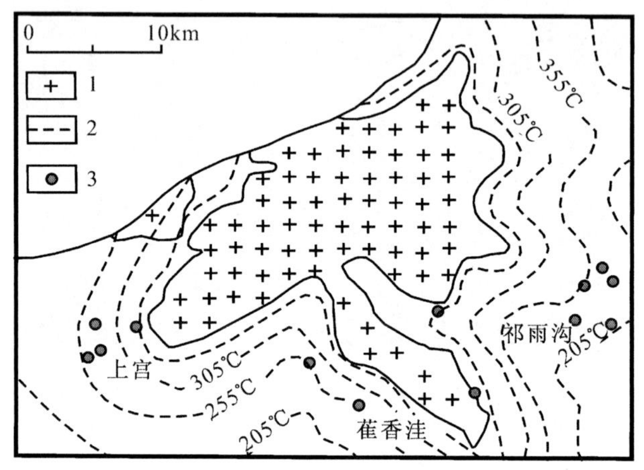

图3-9　花山花岗岩古热力场与金矿床的分布图

（据王长明等，2006）

1. 花山花岗岩；2. 推测热力等值线；3. 金矿床

由以上各图可见：①花山花岗岩为本区金矿床的形成提供了重要的热源，围绕花山岩体四周形成的金多金属矿床其成矿温度变化于350～200℃之间，属中高温岩浆热液型矿床；②在R型聚类分析谱系图上岩体中Au、Ag、Pb、Cu、Ba元素与金矿床微量元素相关性趋于一致；③S、H、O、Pb同位素组成表明成矿物质和成矿流体来自岩浆热液；④花山花岗岩$\delta^{34}S$‰组成与本区几个典型金矿床（祁雨沟、康山和萑香洼）$\delta^{34}S$‰组成及变化范围相近，但与上宫金矿变化范围相差明显；⑤在ω（Na^+）－ω（K^+）－ω（$Ca^{2+}+Mg^{2+}$）流体成分三角图上花山花岗岩浆热液流体成分与成矿早期流体成分相似，而与晚期成矿流体成分有明显差异。在氢-氧同位素组成图解上，花山花岗岩浆热液流体氢氧同位素组成与爆破角砾岩型祁雨沟金矿流体氢氧同位素组成相近，而上宫蚀变岩型金矿成矿早期流体氢-氧同位素组成也靠近花岗岩浆流体一侧，晚期流体氢-氧同位素组成有明显

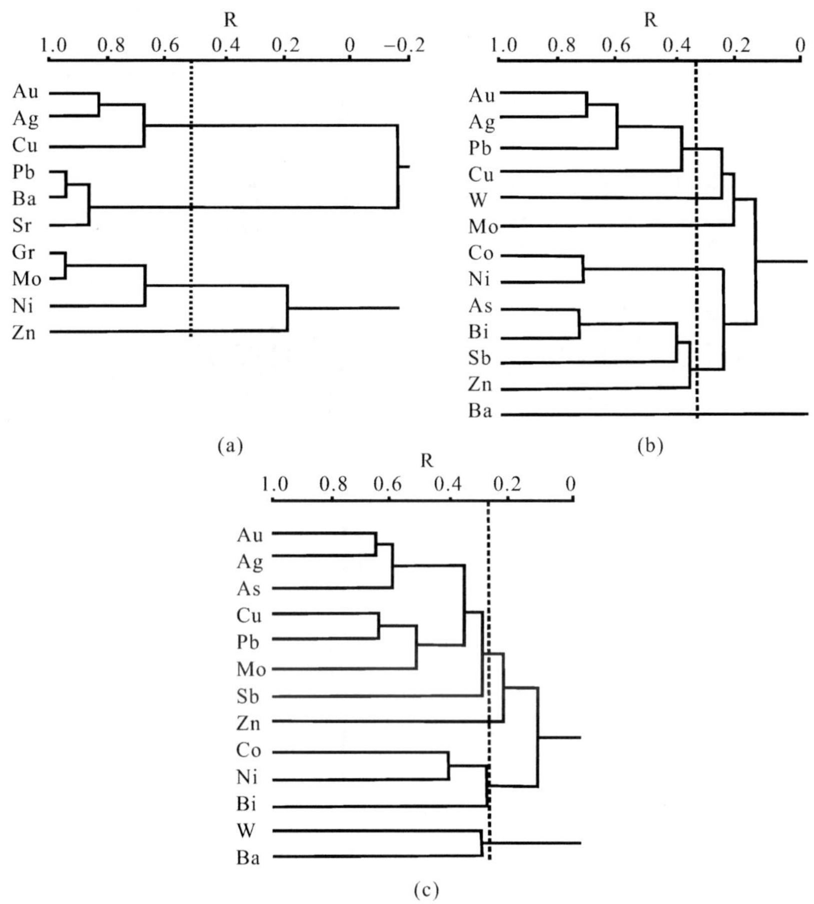

图 3－10　燕山期花岗岩、金矿蚀变岩、金矿石微量元素 R 型聚类分析图谱

（据王长明等，2006）

（a）花山花岗岩微量元素 R 型聚类分析图谱；（b）金矿蚀变岩微量元素 R 型聚类分析图谱；（c）金矿石微量元素 R 型聚类分析图谱

向大气降水飘移的趋势。这些认识与早期范宏瑞等（1994）关于本区金矿床成矿流体的认识完全一致。

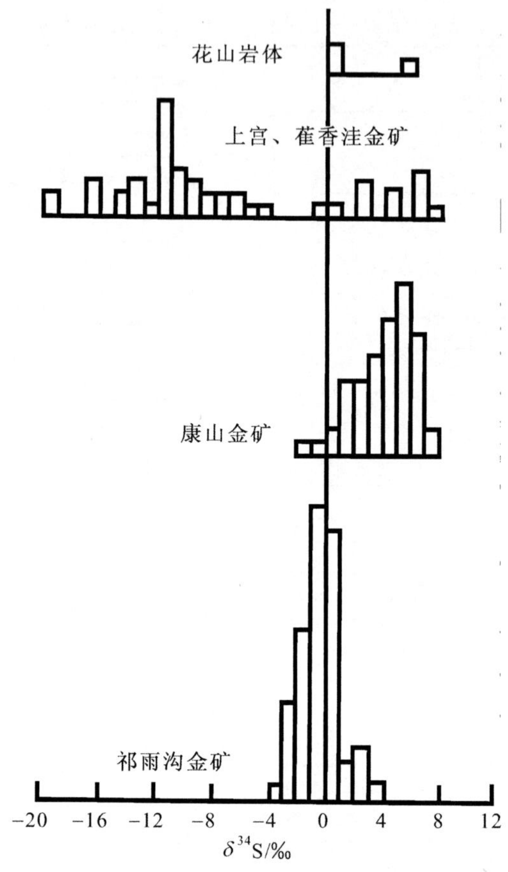

图 3-11　花山岩浆岩和金矿床的硫同位素组成图解

（据王长明等，2006）

综上，花山花岗岩为本区金多金属矿床成矿提供了热源、物源和流体等多重作用，因此，是本区金多金属矿床形成的重要控矿因素之一。

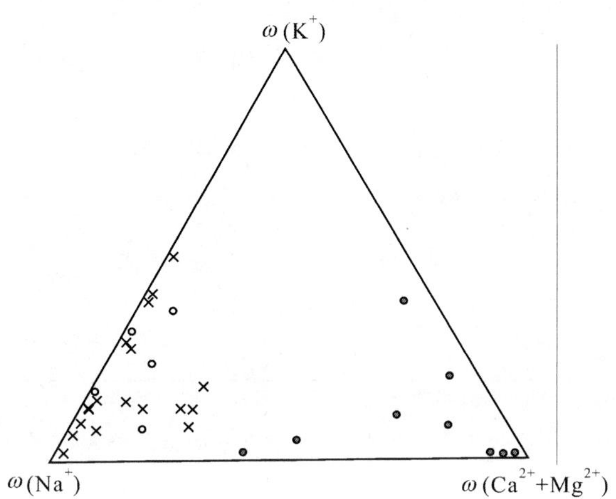

图 3-12　花山花岗岩和金矿的流体包裹体
（据王长明等，2006）

∘花山花岗岩；　× 早期金矿化流体；　• 晚期金矿化流体

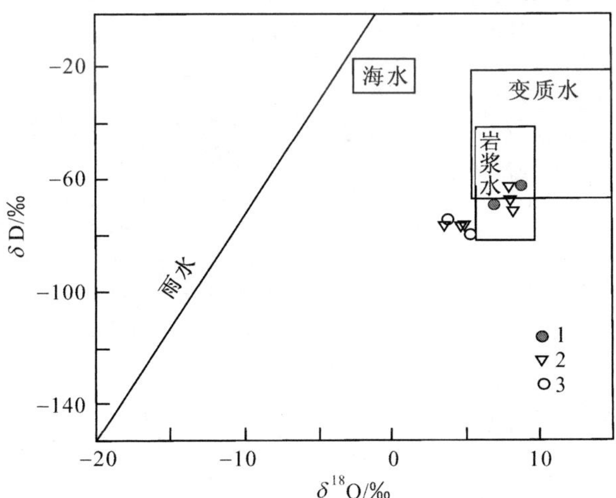

图 3-13　花山岩浆岩和金矿床的氢-氧同位素图解
（据王长明等，2006）

1. 花山花岗岩；2. 祁雨沟金矿床；3. 上宫金矿床

3.8　成矿模式

根据以上区域成矿条件、成矿控制因素综合分析，在此将本区金多金属矿床成矿模式总结如表 3－8 所示。

表 3－8　熊耳山地区金矿成矿模式

地质演化阶段	成矿地质作用	成矿表现形式
太古代期间	地球形成早期，层圈系统不发育，地壳薄弱，富含金等多金属元素成分的幔源岩浆大量喷发到地表，构成初始矿源层。晚太古代的中岳运动，使早期形成的富金幔源火山沉积地层（太华群）变形、变质	变质作用过程中，赋存于初始矿源层中的金等成矿元素赋存状态发生改变，在变质热液作用下，导致初始矿源层中的金等成矿元素向构造片理及裂隙迁移富集，构造控矿雏形出现
中元古代期间	华北古板块南缘出现强烈的南北向伸展、裂解，东西向马超营断裂构造系统形成，伴随强烈的中基性火山岩浆活动，形成巨厚的熊耳群陆相火山堆积地层	伴随火山岩浆热作用，太华群及早期矿化富集于构造片理与裂隙中的金等成矿元素进一步向马超营断裂构造系统迁移富集，马超营控矿断裂构造系统初步形成
晚三叠世	华北板块南缘造山期后伸展，南侧的马超营控矿断裂构造系统内部及北侧的基底太华群和盖层熊耳群之间沿不整合接触面伸展滑脱，同时，伴随碱性脉岩侵入	金等成矿元素沿南侧的马超营控矿断裂系统及北侧的剥离断层控矿系统进一步富集，控矿断裂系统的等级控矿作用进一步完善。其中，南侧的马超营深大断裂及北侧的主剥离断层起着导矿作用，北东向区域性断裂起着配矿作用，这些断裂的交汇部位及与其相连的次级断裂起着容矿作用。本期金矿化强度较以往强烈、显著，本区庙岭金矿、上宫金矿、窑沟金矿早期金矿化蚀变岩中测得的200Ma左右的成矿年龄是本次金矿化的记录

续表 3-8

地质演化阶段	成矿地质作用	成矿表现形式
早—中侏罗世	华北板块南缘陆内俯冲、挤压碰撞，岩石圈加厚，但地壳重熔花岗岩并不发育，南侧的马超营断裂控矿系统发生逆冲推覆	控矿断裂带内部广泛发育的迭瓦状构造透镜体及构造碎裂岩是本期构造活动的产物，本期构造活动对金矿化体具有一定的破坏作用，对金矿化进一步富集效果不明显
晚侏罗世—早白垩世	华北板块南缘及中国大陆中东部地区出现大规模的软流圈上升，岩石圈伸展减薄、破裂，导致构造岩浆活动空前强烈，广泛发育同熔型花岗岩浆侵位，并以 A 型碱性花岗岩的出现揭示大陆裂解的存在	本期同熔型花岗岩对本区金多金属矿产形成具有重要的作用，幔源岩浆上升过程中同化混染了大量下地壳太华群物质，导致太华群中的金等成矿物质在岩浆期后热液中大规模富集，并沿先存的南侧马超营控矿断裂系统和北侧伸展剥离断裂系统运移、沉淀和成矿，本区金矿成矿格局定型
晚白垩世以来	沿区域性北东向断裂出现差异运动，形成一系列北东向断陷盆地和山岭，构成盆岭交互的构造格局	在山岭地区隆升剥蚀，金矿床出露于地表，在盆地地区断陷沉降，金矿床埋藏加深，形成当今的金矿床产出分布格局

第4章

东湾矿区成矿研究与成矿预测

4.1　矿床地质概述

4.1.1　矿区地质

1）地层

矿区内主要出露地层为中元古界长城系熊耳群鸡蛋坪组上段（Chj^3）及古近系高峪沟组（E_1g）和第四系（Q）。鸡蛋坪组上段岩性为英安岩、流纹质英安岩、流纹岩等。古近系高峪沟组岩性为粉砂质粘土岩分布于矿区北西部。

2）构造

矿区内构造以断裂为主，褶皱不发育。穿越矿区，规模较大的断裂构造包括 F1、F2、F3 和 F4 四条，其中，前三条断裂构造在区域上统一称为万岭断裂束（F22），F4 断裂构造为区域上潭头-嵩县中新生代断陷盆地边缘断裂的一部分。目前，仅在 F1 断裂构造内部发现有工业矿体，在 F12（见表 4－1）断裂构造发现有金多金属矿化，其他断裂构造尚未发现金多金属矿化，但存在金多金属化探异常。矿区主要断裂构造特征及矿化情况见表 4－1。此外，矿区内部及外围，平行鸡蛋坪组地层层理（局部有穿层）常见石英脉组产出，脉组宽几米至数十米，单条石英脉宽十余厘米至一米不等，其内有钼矿化（据悉属难选钼矿），少数石英脉内也有金矿化产出，如矿区老窝沟一带 M10 矿脉（受 F10 断裂构造控制）。

3）侵入岩

矿区内目前未见侵入岩及脉岩出现。

4）变质岩

矿区鸡蛋坪组次火山岩、火山岩原岩结构保留较完好，岩石具斑状结构，斑晶矿物主要为长石（斜长石和钾长石）、石英和角闪石，基质为隐晶或雏晶结构。斑晶矿物长石表面广泛发育高岭土化，局部被绢云母和微细粒石英矿物集合体替代，角闪石退变质为绿泥石较为常见。火山岩内部的石泡构造、杏仁构造保留完整。总体上，矿区火

表 4-1 东湾金矿区构造分布状况及主要特征一览表

断裂特征 断裂编号	断裂走向	分布位置	断裂特征	备注
F1	北北东向	北起阴坡，经九仗沟、石板沟至刘坪西	区内全长 2 000 余米，F1 断裂在平面上呈舒缓波状，南部走向 20°～30°，北部走向 10°～20°，总体倾向西，倾角 50°～70°，断裂沿走向宽度不同，最宽处百余米，窄处仅 5～10m，明显具膨胀狭缩之特征，膨胀部位最大长度达 250～300m	含矿性较好，已发现工业矿体及矿化体
F2	北东向	南起甲山，经九仗沟至万岭附近被覆盖	出露长度约 1 000m，走向 30°～50°，倾向北西，倾角 50°～70°，其宽度 10～30m	
F3	近南北向	南起甲山至窑场附近被覆盖	出露长度 700m 左右，走向 5°～10°，北部为 30°左右，倾向西、北西，倾角 60°～75°，带宽 10～20m，南窄北宽	
F4	北东向	自普查区北部通过	即控制大章-蛮峪断陷盆地大断裂，其走向 30°～40°，倾向北西，倾角 60°～80°。该断裂规模大，断距深，致使第三系砂砾岩与熊耳火山岩接触	
F5	北东向	位于费家沟口	出露长度 1 000m 左右，走向 40°～50°，倾向南东，倾角 60°～80°，该构造规模较小，带宽 2～5m	
F6	北东向	位于费家沟脑	出露长度 400m，总体走向 40°，倾向北西，倾角 20°，该构造规模较小	
F7	北西向	位于高岭附近	出露长度 400m，走向 345°倾向南西，倾角 70°～80°，带宽 5m 左右	
F10	北西向	位于老龙窝东沟	出露长度 1 200m，走向 290°～350°，倾向东，倾角 27°～35°，带宽 3～17m	发现较好矿化体
F12	北东向	位于万岭村南东	区内出露长度约 350m，走向 50°左右，倾向北西，倾角 65°～75°，带宽 10～25m	已发现较好矿化点

山岩地层变质程度在低绿片岩相—绿片岩相之间。

4.1.2　矿化特征

1）矿体

矿区内目前发现具有工业开采价值的矿体一个，即赋存于 F1 断裂构造内部的 M1 金矿体。该矿体在矿区范围内地表未出露，主要由 ZK9001、ZK8801、ZK8802、ZK8803、ZK8805　、ZK8601、ZK8602、ZK8402、ZK8404、ZK8008、ZK6406、ZK5201、ZK5204、ZK3606 共 14 个钻孔控制。矿体分布在海拔标高－89～453m 之间，已有工程控制 M1 金矿体沿走向延长 1 050m；矿体沿倾斜方向延伸最长为 520m。矿体形态简单，总体呈板状，大脉状。在倾向上呈舒缓波状。在其北部 88 线附近矿体膨大，品位变高，厚度增大；矿体基本上沿 M1 构造底板展布。矿体产状与 M1 矿脉产状基本一致（图 4－1），走向 10°～25°，倾向北西，倾角 55°～75°，为陡倾斜矿体。矿体沿倾斜方向的变化特征为厚→薄→厚→薄相间出现。沿走向矿体深部向北侧伏。

矿体内金品位最高 18.80×10^{-6}，最低 1.19×10^{-6}，平均 2.52×10^{-6}，品位变化系数 110%，属较均匀型。

矿体厚度最厚 11.42m，最薄 0.63m，平均厚度 2.57m。厚度变化系数 36%，属稳定型。矿体在北段 84 至 90 勘探线之间膨大，厚度增大。

矿体无断层错动和脉岩穿插现象，后期破矿构造对矿体影响较小。

2）矿石

按自然类型分为氧化矿和原生矿两种，按矿物成分及结构构造可分为浸染状黄铁矿金矿石、细脉—浸染状黄铁矿金矿石、脉状—网脉状黄铁矿金矿石、碎裂—角砾状金矿石。

3）围岩蚀变

有硅化、钾长石化、绢云母化、碳酸盐化、高岭石化、绿帘石化、绿泥石化。金属矿化为黄铁矿化、方铅矿化。其中硅化、钾化、

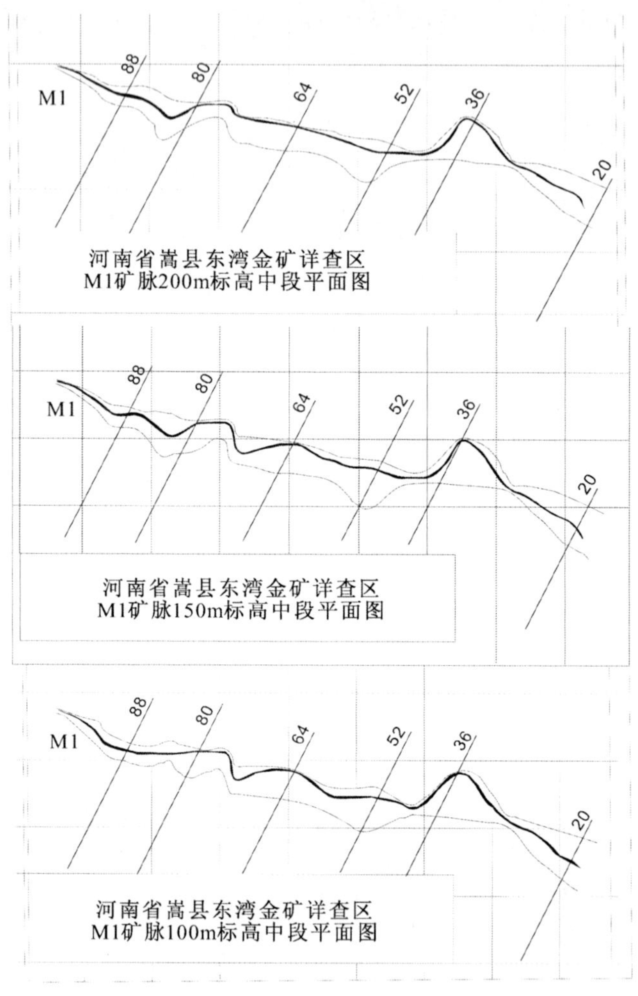

图 4-1 东湾矿区 M1 矿脉中段平面图

（据河南省地矿局地质二队资料修编）

黄铁矿化与金矿化关系最为密切（照片 4-1、照片 4-2 和照片 4-3）。整个蚀变带宽度可达 30～100m。蚀变严格受断裂构造控制，从断裂带向两侧其蚀变强度逐渐减弱。蚀变分带不明显，不同类型的围岩蚀变在空间上可以叠加，多种类型蚀变叠加部位，金矿化相对增强。

硅化：是断裂构造带内部最普遍的一种蚀变类型，按其产出赋存形式可以进一步划分为面状全岩硅化、浸染状硅化和脉状硅化三种类型（见照片 4－1），后者对前两者有切割，与金矿化关系较前两者密切，尤其是含硫化物的石英细（网）脉与金矿化关系更密切。

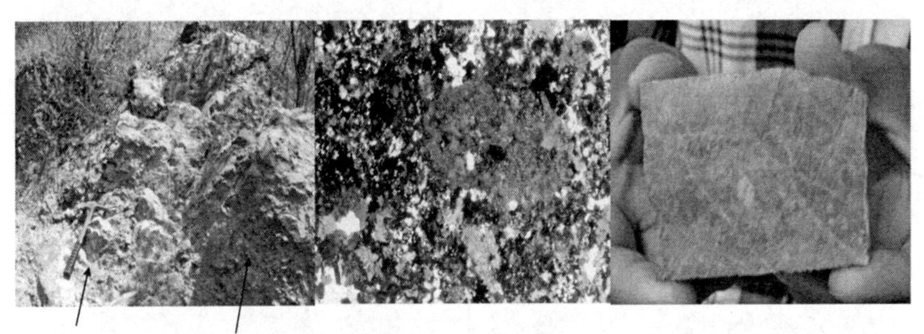

石英脉　浸染状硅化体

二者均属早期成矿阶段产物，石英大脉可能是导致附近围岩面状硅化的原因。二者含金不高，但有矿化显示。东湾TC9001

浸染状硅化镜下特征：浑圆状构造角砾边缘被不规则状石英交代。

含硫化物硅化、钾化细脉。属于主成矿阶段产物，叠加在早期硅化体之上。金矿化增强。

照片 4－1　东湾矿区沿 F1 断裂构造内部发育的硅化蚀变类型及其特征

钾化：是本区蚀变岩型金矿中常见的蚀变类型。根据其赋存状态可以进一步分为：面型斑状钾化和脉状钾化两种类型。后者常与硫化物共生构成钾化硫化物细脉并切割前者（照片 4－2）。

黄铁矿化：是矿化的主要标志之一。根据其赋存状态及形成的时序，可进一步划分为：钾化-硅化-黄铁矿化（浸染状蚀变岩型矿化）、乳白色石英-黄铁矿化（大脉、粗脉）、烟灰色石英-黄铁矿化（中细脉、微脉）和石英-方解石（萤石）-黄铁矿化（大脉、粗脉），见照片 4－3。

此外，在远离主断裂构造面部位，绿泥石化、叶蜡石化、碳酸盐化相对增强，钾化、硅化相对减弱，各蚀变类型相互之间呈渐变过

东湾ZK8404面型斑状钾化
被石英黄铁矿细脉切割

九仗沟矿区20线附近脉状钾
化黄铁矿化（已褐铁矿化）

照片 4-2　东湾矿区沿 F1 断裂构造内部发育的钾化蚀变类型及其特征

九仗沟矿区435m乳白色石英与
团块状黄铁矿粗脉（金:矿化)

ZK8008烟灰色石英硫化物细脉金:1~3g/t

照片 4-3　东湾矿区沿 F1 断裂构造内部发育的黄铁矿化蚀变类型及其特征

渡。在主断面附近后期构造活动常形成高岭土化。

综上，野外硅化、钾化、黄铁矿化发育程度及规模可以作为找矿的重要标志。尤其是钾化-硅化-黄铁矿化共生矿物组合是本区蚀变岩型金矿的直接找矿标志。烟灰色石英-硫化物细脉与钾化-硅化-黄铁矿化蚀变岩叠加是金矿化增强的标志。

根据以上围岩蚀变及其与金矿化的关系，可将东湾矿区热液成矿期进一步划分为早期成矿阶段，以面状硅化-钾化和乳白色石英粗粒黄铁矿为标志；主成矿阶段，以细脉状石英硫化物出现为标志；晚期成矿阶段，以碳酸盐石英脉为标志。

4.1.3　矿区进一步找矿面临的主要地质问题

由上可见，通过现有勘查工作，东湾矿区找矿已经取得显著的成效，初步探明具有工业价值的金矿体一处，控制矿体长度 1 050m，深度大于 500m，沿倾斜方向延伸最长 520m，矿体规模属大型，并且向深部尚未有明显尖灭趋势。但是，从现有勘查状况分析，东湾矿区进一步扩大找矿成果还面临着一系列问题。

其一，东湾矿区 M1 矿体深部进一步找矿潜力还能有多大？东湾矿区工程控制的最大深度已达－100m，从区域上看，自南向北，沿 F1 断裂构造内部产出的庙岭金矿区（目前见矿深度＋200m 水平）、中金金牛矿区和山金九仗沟矿区（目前见矿深度 0m 水平）均未达此深度，因此，东湾矿区已经是本区见矿深度最大的矿区，深部还能有多大找矿空间是进一步找矿必须思考的问题。

其二，矿化向深部变化的趋势如何，是贫化、富集还是无明显变化？这也是深部进一步找矿需要考虑的问题。

其三，通过现有的工程，将 M1 矿体连接成一个似板状、大脉状的地质体，这样的连接虽然符合勘查规范要求，但是，随着工程网度的提高，矿体形态变化的可能性有多大？这不仅涉及到储量的变化而且涉及到进一步勘探类型的选择和工程的布置。因此，也是深部进一步找矿需要考虑的问题。

为此，在现有勘查工作的基础上，加强矿区找矿前景分析，总结成矿规律，开展大比例尺成矿预测，提高工程见矿的预见性，是东湾矿区进一步扩大找矿成果的前提，也是本次地质科研工作的主要目的。

4.2 矿区找矿前景分析

找矿前景分析就是在成矿地质条件、控矿地质因素和找矿标志、找矿信息研究分析的基础上，对勘查区发现矿床的潜力（或大小）给出科学的评价。找矿前景分析是成矿预测的前提，但是，在目前找矿勘查实践中，往往存在两方面的问题：其一，是在找矿潜力不大的地区投入大量的地质找矿工作，结果只能是造成巨大的浪费；其二，是在找矿潜力很好的地区投入的工作量不足，结果导致丢矿或漏矿。而导致这两种现象出现的原因往往是对找矿勘查区的找矿潜力缺乏合理的评价。因此，在找矿勘查过程中，尤其是矿区大比例尺成矿预测过程中，加强矿区找矿前景分析显得尤为必要（曹新志等，2008）。

东湾矿区通过进一步找矿勘查工作是否有可能继续扩大找矿成果，首先取决于矿区深部进一步找矿前景有多大。为此，本书将通过控矿断裂构造成矿分析、化探原生晕、标型矿物和成矿流体场等多种成矿信息提取，对矿区深部进一步找矿前景做出评价。在找矿前景具备的前提下，总结成矿规律，开展成矿预测。

4.2.1 F1 断裂构造成矿潜力分析

东湾矿区属于典型的断裂构造带蚀变岩型金矿，矿体产出严格受断裂构造控制，因此，矿区进一步找矿应以 F1 断裂构造的稳定延伸为前提。

1）断裂构造形态、规模及产状特征

区域上，M1 赋矿断裂构造带由 3～4 段不连续的断裂带组成，各段延伸长 1～3km 不等（图 4-2）。构造带宽度变化较大，最宽处可达百余米，最窄处不足 2m。断裂带总体走向北北东 10°～20°。构造面沿走向、倾向多呈波状延伸。不同地段，断裂构造倾角有变化。总体上，南部缓，如庙岭矿区 M1（F8）倾角一般 30°左右；向北有变陡趋势，如九仗沟矿区 M1 断裂倾角一般在 60°左右。沿走向和倾向方向，控矿 F1 断裂具膨大尖缩、分支复合特征，构造面波状起

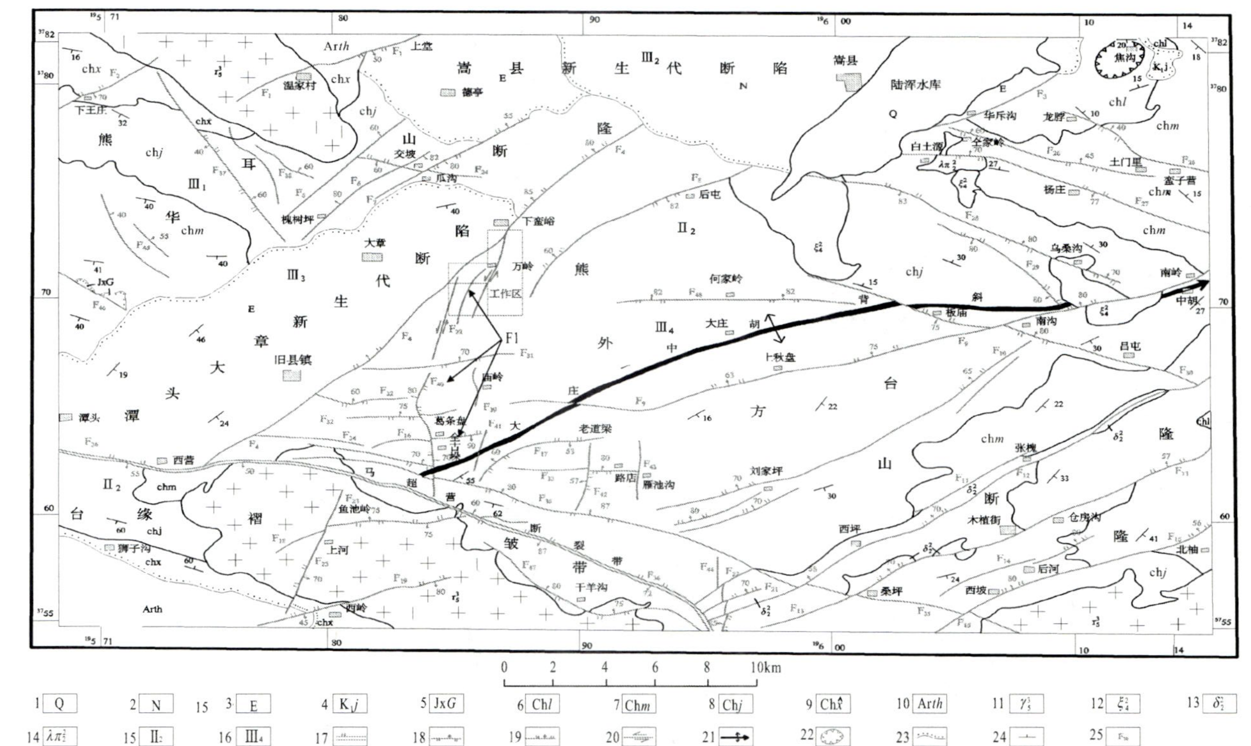

图4-2 区域上控矿F1断裂构造带整体形态、产出特征（图例说明见图2-2）

伏，延伸稳定，显示压扭性断裂构造特点。

2）构造岩特征

如照片 4 - 4 所示，F1 断裂构造自顶板→底板，构造变形程度有差异，表现为不同变形程度的构造岩在空间上有规律分布，形成构造岩空间分带，自顶板→底板，一般可出现如下构造岩分带：构造碎裂岩带→构造挤压片理化带→构造磨砾岩带→构造透镜体带→邻断节理带。其中，构造透镜体带围绕透镜体边缘裂隙及透镜体内部网脉，断裂构造下盘邻断节理带是东湾矿区最主要的容矿构造空间（见照片 4 - 5、照片 4 - 6）。

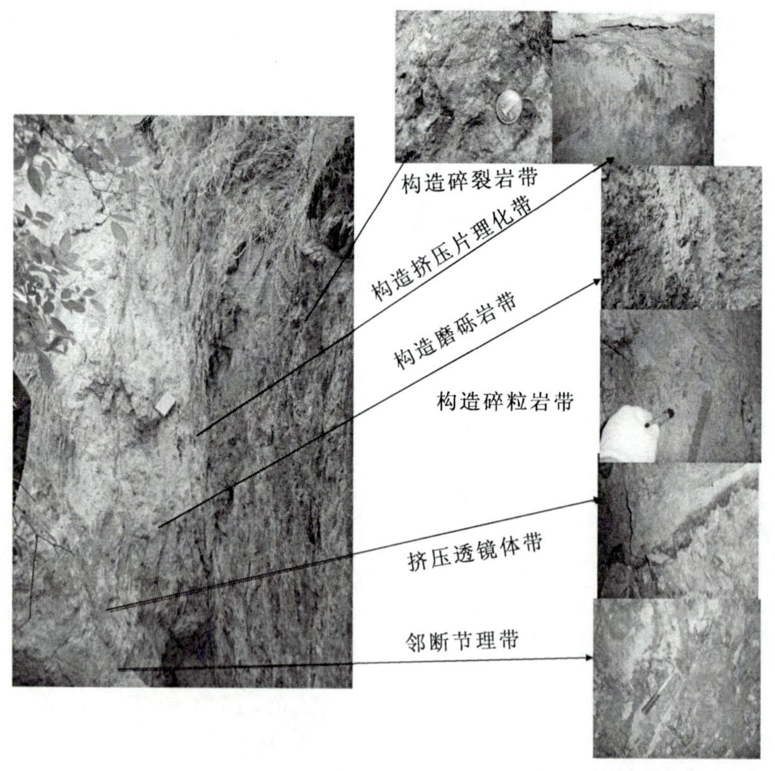

照片 4 - 4　东湾矿区 TC8801 处 F1 断裂构造岩分带

照片 4-5　东湾矿区张家沟 F1 构造带中的叠瓦状挤压透镜体

照片 4-6　F1 断裂九仗沟矿区 351 中段远离主裂面下盘的菱形节理带赋矿

3）断裂构造面特征

由照片 4-7 可见，F1 断裂构造面具有舒缓波状起伏的特征，显示压扭性断裂构造性质。

照片 4-7　F1 断裂构造九仗沟矿区 435m 中段 CMO 穿脉 F1 断裂构造面舒缓波状特征

（红箭头示断面倾斜方向）

4）断裂构造演化与成矿分析

根据 F1 断裂构造区域上断续延伸、构造形迹多呈不规则状，构造面形态波状起伏，压扭性构造岩表现明显等特征，结合区域构造应力场演化（表 3 - 7），可以将 F1 断裂构造演化过程与成矿关系推演如下。

海西—印支期（中—晚三叠世）华北、扬子板块碰撞造山，在近南北向（北北东向）挤压应力场条件下，区域上近东西向的马超营断裂逆冲推覆，马超营断裂上盘出现近东西向引张，形成近南北向断续延伸的 F1 断裂构造雏形；燕山早期（早侏罗世）造山期后伸展，在南北向区域引张应力场条件下，近南北向 F1 断裂构造产生压扭性运动，早期形成的张性—张扭性 F1 断裂构造进一步形成发展，并表现为压扭性构造特征。同时，伴随早期金矿化作用，表现为早期硅化、钾化和黄铁矿化；晚燕山期（晚侏罗世一早白垩世）华北板块南缘出现陆内俯冲，区域南北向挤压（为主）与拉张交替变化，近南北向 F1 断裂构造产生张扭—压扭交替构造运动，在区域张扭—压扭交替构造应力场变化过程中，F1 断裂构造进一步形成发展，形成一系列微张裂隙，先期形成的构造岩，在张扭—压扭交替变换过程中，进一步挤压破碎，形成碎裂岩系列。本期构造活动伴随本区最主要的一期成矿作用，成矿热液在已经形成的微张裂隙和碎裂岩中充填交代，形成多金属硫化物细脉和构造蚀变岩共存的金多金属矿化；燕山晚期（晚白垩世），华北板块陆内俯冲结束，进入俯冲后伸展阶段，区域应力场再次转换为南北向拉张，近南北向 F1 断裂构造继承先期构造面产生压扭性运动，并伴随晚期成矿作用，表现为晚期碳酸盐化、绿泥石化穿插于先期矿化之上；喜山期，本区受太平洋板块俯冲的远距离效应影响，在北东—南西向区域主压应力场作用下，近南北向 F1 断裂构造沿先期构造面产生张性—张扭性构造运动，本区产生差异性构造隆升作用，形成盆—岭镶嵌的现代地貌构造格局。

5）断裂构造成矿潜力分析

由上可见，F1 断裂构造经历过多期构造活动，拉张与挤压交替进行，断裂构造不断完善发展，最终形成了一条全长约 5km 的断裂构造带。尤其是燕山早期的压扭性构造运动与晚燕山期的张扭（为主）—压扭性构造运动，对 F1 断裂构造的形成发展起到了重要的作用。F1 断裂构造所经历的演化过程，决定了其一，断裂构造可以有较好的延伸程度；其二，有利于热液与破碎的构造岩之间展开弥散性交代作用，形成矿化连续性好、品位不高但较均匀的蚀变岩型矿化。这些特征已得到工程的证实。但是，F1 断裂构造深部找矿空间还能有多大？能否给出一个具体的数据范围？在此尝试性探讨如下。

表 4-2 是 F1 断裂带内部自南向北不同矿区（段）矿体延深状况，由表可见，各矿区（段）最高/低见矿标高不同，自南向北，见矿标高由高至低。目前，各矿区（段）矿体垂向延深大致相近，均为 500m 左右，但是，各矿区（段）矿体向深部均未封闭。由此可见，沿 F1 断裂构造产出的几个主要矿体矿化发育程度很相似，相互之间大致可以相互对比。因此，如果以东湾矿区（段）目前最低见矿标高作为庙岭矿区（段）向深部可能的找矿空间，那么，庙岭金矿两个主矿体向深部尚有 300m 左右的找矿空间，这样庙岭金矿两个主矿体的垂向延深可达 800m 左右。此外，根据位于本区西部、受区域性的上宫一星星印断裂构造控制、同属断裂构造蚀变岩型金矿的上宫金矿最新找矿进展，目前，上宫金矿主矿体垂向延深已达到 800m，向深部矿体未封闭，根据目前工程控制情况，上宫金矿矿体垂向延深至少可达到 1 000m（据河南省地矿局地调一队负责危机矿山找矿项目负责人介绍）。考虑到上宫金矿赋存在区域性的北东向星星印-上宫断裂带内部，该断裂在本区控矿构造格架中起着配矿和容矿构造的作用。相比而言，包含 F1 断裂构造在内的万岭断裂束（F22）向南可与本区导矿构造马超营断裂相连，向北可与本区另一条区域性北东向断裂构造（F4）相交，因此，万岭断裂束（F22）可能同样具有配矿和容矿的双重控矿作用。但由于其规模（延长）明显比区域性北东向的星星印-上宫断裂和 F4 断裂小，故此，一般情况下，其延深程度也应当比这些区域性北东向断裂小。因此，根据目前工程控制程度及矿化延伸状况，将赋存于区域性北东向星星印-上宫断裂带内部的上宫金矿主矿体垂向延深下推至 1 000m，将赋存于 F1 断裂内部的各矿区

（段）主矿体垂向延深下推至800m是合理的。由此推断，在目前见矿深度下，东湾矿区M1矿体向深部还应有300m左右的找矿空间，即可达标高－400m左右（－400m之下的找矿前景需要根据钻孔揭露情况进一步判断）。至于深部品位变化情况留在后面章节进一步探讨。至此，本书认为，东湾矿区F1断裂深部找矿潜力还是较大的。

表4－2　F1断裂带内部不同矿区（段）矿体延深状况一览表

矿区（段）	矿体编号	最高见矿标高（m）	最低见矿标高（m）	垂向延深（m）	深部是否封闭
庙岭	Ⅰ1－1、Ⅰ2－1	＋700余	＋200	500	否
九仗沟	M1	＋550	0	550	否
东湾	M1	＋400	－100	500	否

4.2.2　化探原生晕找矿指示

1）钻孔原生晕化探取样原则及方法

（1）取样原则。

①系统性原则。根据工程控制程度，构建多个中段的原生晕取样系统。全面、充分地反映随着深度的变化，成矿元素垂向分带变化趋势。②一致性原则。参与对比的样品在矿化类型、矿化特征及矿化富集程度上应当一致。即避免不同矿化类型、矿化特征的样品混杂。同时，也应避免不同矿化富集程度的样品混杂。如有的部位采取的是矿石，而另一些部位采取的是蚀变围岩或围岩。此外，样长应尽可能相近。③客观性、可操作性原则。由于本区金矿属于构造蚀变岩型金矿，矿石与蚀变围岩之间没有严格界线，因此，肉眼下很难将矿体从蚀变围中区分出来，蚀变岩与未蚀变的围岩之间相对较好区分。此外，从目前钻孔控制的情况来看，矿体及相对较强蚀变的围岩总体厚度不大。为此，取样时可以将矿体及近矿较强蚀变的围岩一起采样，样长控制在1m左右。

（2）取样方法。

根据上述取样原则，本次研究选择工程控制程度较高的M1矿体北段（80 线—92 线）作为取样对象。分别于地表（TC7801、TC8201、TC8801、TC9001、TC9201）和钻孔（ZK8401、ZK9201、ZK8801、ZK8802、ZK9002、ZK8601、ZK9001、ZK8602、ZK8803、ZK8404、ZK8008、ZK8805 和 ZK8807）系统布置取样位置，根据本区钻孔揭露矿体厚度情况（大多小于 2m）及上述取样原则第三条，每个钻孔矿体内部一般取样 2 件，样品质量 300～500g，矿体上、下盘近矿较强蚀变围岩取样各 2 件，由此，每个钻孔平均设计取样 6 件，总计取样 94 件。样品送交国土资源部郑州矿产资源监督检测中心、河南省岩石矿物测试中心测试，分析项目包括：Au、Ag、Sn、As、Sb、Bi、Hg、Cr、Co、Ni、Cu、Zn、Mo、Ba、W、Pb 16 种成矿元素，其中，As、Sb、Hg、Ba 为热液矿床典型前缘晕元素；Au、Ag、Cu、Pb、Zn、Bi（硫砷铋矿）为热液矿床典型近矿晕元素；W、Sn、Mo、Bi（辉铋矿）、Cr、Co、Ni 为热液矿床典型尾部晕元素。测试方法：Au 采用 M6 石墨炉原子吸收分光光度计，Ag、Sn 采用 WP1 光栅光谱仪，As、Sb、Bi、Hg 采用 AFS-8130 原子荧光光度计，W、Mo、Cu、Pb、Zn、Cr、Co、Ni 采用电感耦合 ICP-MS 等离子体质谱仪，Ba 采用 ZSX100eX 荧光光谱仪。

（3）数据处理。

数据归一化：将参与分析的化探原生晕数据统一量纲，将所有数据量纲统一为 10^{-6}。

数据标准化：即在数据归一化处理基础上，将所有化探数据值转化为 0～1 之间的数值。

2）数据分析

（1）元素相关性分析。

利用 SPSS 软件对化探数据进行相关性分析，分析结果见表 4-3。由表可见，其一，99%信度下（表中加[1]者），与 Au 显著相关的元素（Pearson 相关系数由大至小）为 Ag、Mo、Cr、As、Hg、Zn、Cu；95%信度下（表中加[2]者），与 Au 信度显著相关的元素（Pearson 相关系数由大至小）为 Ni、Sb；其二，与 Au 元素相关的成矿元素既有头部晕元素 As、Sb、Hg，也有近矿晕元素 Ag、Zn、

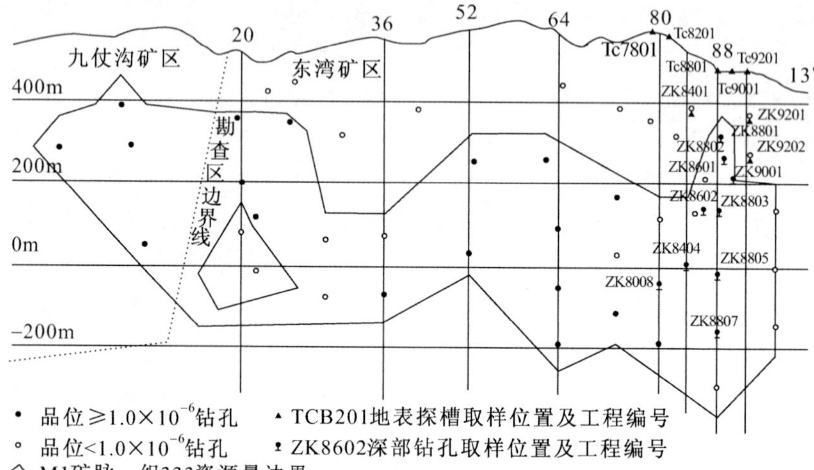

图 4-3　东湾矿区 M1 矿体化探原生晕样品取样空间分布位置图

表 4-3　东湾矿区化探元素 Pearson 相关系数矩阵

元素	Au	Ag	Sn	As	Sb	Bi	Hg	W	Mo	Ba	Cr	Ni	Cu	Zn	Pb
Au	1	0.491[1]	0.189	0.292[1]	0.233[2]	0.191	0.28[1]	0.107	0.37[1]	−0.034	0.298[1]	0.26[2]	0.277[1]	0.28	0.081
Ag		1	0.387[1]	0.433[1]	0.756[1]	0.214[2]	0.536[1]	0.225[2]	0.186	0.064	0.197	0.325[1]	0.714[1]	0.535	0.422[1]
Sn			1	0.221[2]	0.399[1]	0.107	0.225[2]	0.525[1]	0.158	0.1	0.158	0.212	0.481[1]	0.217	0.162
As				1	0.456[1]	−0.008	0.297[1]	−0.01	−0.068	−0.078	0.083	0.01	0.422[1]	0.489	0.19
Sb					1	0.051	0.331[1]	0.193	−0.01	−0.001	0.138	0.349[1]	0.868[1]	0.308	0.382[1]
Bi						1	10.616[1]	−0.005	0.598[1]	0.705[1]	−0.023	−0.027	0.024	0.183	0.09
Hg							1	0.076	0.498[1]	0.6[1]	0.094	0.104	0.202	0.569	0.404[1]
W								1	−0.021	−0.023	0.416[1]	0.651[1]	0.139	0.153	0.02
Mo									1	0.664[1]	−0.082	−0.065	−0.048	0.07	0.086
Ba										1	−0.063	−0.033	−0.052	0.145	0.102
Cr											1	0.756[1]	0.196	0.194	0.002
Ni												1	0.222[2]	0.242[2]	0.041
Cu													1	0.213[2]	0.447[1]
Zn														1	0.327[1]
Pb															1

注：加[1]者为 99%信度，加[2]者为 95%信度。

Cu，还有尾部晕元素 Mo、Cr、Ni。由此表明，M1 矿体内部存在广泛的热液成矿晕叠加现象，反映了矿体形成具有多期多阶段活动的性质。不同成矿期成矿阶段的成矿热液在空间上的随机活动，导致了不同成矿期成矿阶段的成矿元素在空间上随机叠加的结果。

（2）原生晕分带。

表 4-4 是根据全部化探原生晕样品（94 件），利用格里格良元素分带指数方法得到的分析结果，由表可见：原生晕分带效果不明显，代表不同分带的元素或元素组合在空间上相互叠加，如，500m 以近矿晕 Zn 为主，450m 以头部晕（Ba）—近矿晕（Pb）—近矿晕或尾晕（Bi）组合为特征，400m 以尾晕（Sn）为主，320m 以头部晕（Sb、Hg）和近矿晕（Ag）为特征，270m 以尾部晕（Cr、Ni）叠加近矿晕（Au）为特征，220m 以尾晕（W）为特征，140m 以尾晕（Mo）叠加近矿晕（Cu）为主，0m 以头部晕（As）为特征。由上至下元素或元素组合是：（Zn）-（Bi、Ba、Pb）-（Sn）-（Ag、Sb、Hg）-（Au、Cr、Ni）-（W）-（Mo-Cu）-As。原生晕分带整体表现为：近矿晕→（头部晕＋近矿晕）为主—尾部晕为辅→尾晕→头部晕＋近矿晕→近矿晕＋尾晕→尾晕→尾晕＋近矿晕→头部晕。可见，以上原生晕分带十分凌乱，很难将其按照原生晕分带的原理划分出头部晕→近矿晕→尾晕，分带效果不明显。因此，试图采用全部化探样品研究原生晕分带看来是行不通的。究其原因，本书前面已经说明，本矿区属于蚀变岩型金矿，矿体厚度不大，一般不超过 2m，矿体本身蚀变明显，矿体以外蚀变程度显著降低，而本次化探原生晕取样时，为了不漏矿，所以将矿体两侧蚀变岩带的宽度人为地加大，设计每个钻孔一般采样 6 个，包括 2 个矿体内部样品，矿体上下顶底板各 2 个样品。但是，实际采样过程中，几乎每个钻孔均未达到设计采样要求，原因是几乎所有见矿部位原来已采过样做化学分析，目前保留的岩芯样品数量已达不到设计采样要求，因此，实际上每个钻孔一般只采到 2～3 个样品，部分只采到 1 个样品，这些样品的矿化程度差异明显，由分析结果可见，有的样品属于矿石，有的样品属于蚀变围岩，有的样品属于未蚀变围岩。这样在利用格里格良元素分带指

数方法计算时，有的中段代表的是矿体内部的样品，成矿元素含量必然高；但是，有的中段代表的是矿体和围岩样品的元素含量平均值，成矿元素含量必然低；并且从化探分析结果来看，矿体上下顶底板围岩样品的矿化蚀变程度非常有限，与矿体内部的样品成矿元素含量相差甚远，几乎没有矿化显示。因此，如果将这些没有矿化的围岩样品与矿体内部的样品放在一起进行分带计算，显然不符合热液矿床原生晕形成的基本原理。为此，本书认为，选择那些明显有矿化的样品组成原生晕分带取样系统，然后再按照格里格良分带指数方法探讨其分带问题，似乎更为符合热液矿床原生晕分带的原理。

表 4－4　采用全部数据（94 件）得到的格里格良元素分带指数表

高程(m)	Au	Ag	Sn	As	Sb	Bi	Hg	W	Mo	Ba	Cr	Ni	Cu	Zn	Pb
500	0.000 7	0.003 2	0.229 6	0.067 6	0.020 3	0.013 9	0.018 4	0.150 8	0.078 6	0.113 8	0.077 3	0.037 6	0.018 2	0.145 6	0.024 2
450	0.001 3	0.002 9	0.101 3	0.032 4	0.017 4	0.053 0	0.022 4	0.140 6	0.294 5	0.189 7	0.030 6	0.012 7	0.007 7	0.065 8	0.027 8
400	0.002 6	0.002 7	0.291 7	0.020 0	0.006 8	0.009 1	0.014 0	0.238 2	0.050 1	0.136 0	0.087 4	0.020 8	0.008 0	0.094 3	0.018 4
320	0.021 7	0.027 7	0.063 5	0.161 5	0.133 4	0.032 4	0.027 7	0.141 4	0.009 8	0.022 9	0.120 3	0.027 1	0.087 0	0.099 4	0.023 9
270	0.040 2	0.007 8	0.178 3	0.037 4	0.033 3	0.017 3	0.022 0	0.197 7	0.008 5	0.105 5	0.168 6	0.050 8	0.028 5	0.097 9	0.006 2
220	0.010 6	0.006 5	0.052 8	0.022 4	0.042 6	0.006 6	0.005 2	0.633 1	0.001 1	0.015 4	0.095 5	0.032 2	0.030 4	0.040 9	0.004 9
140	0.034 2	0.012 5	0.086 9	0.101 2	0.101 0	0.015 4	0.015 5	0.079 5	0.308 9	0.017 8	0.028 9	0.011 8	0.119 7	0.047 2	0.019 6
0	0.021 5	0.006 2	0.135 9	0.414 2	0.019 7	0.010 8	0.019 8	0.067 1	0.038 7	0.058 8	0.058 0	0.010 8	0.004 8	0.127 7	0.006 1
－100	0.024 3	0.0126	0.141 6	0.025 5	0.013 4	0.051 1	0.020 1	0.184 2	0.219 5	0.099 2	0.082 6	0.020 1	0.026 7	0.069 9	0.009 3
元素分带系列:(Zn)-(Bi、Ba、Pb)-(Sn)-(Ag、Sb、Hg)-(Au、Cr、Ni)-(W)-(Mo－Cu)-As															

表 4－5 是在 94 件化探原生晕样品中选择出 35 件矿化样品（Au $\geqslant 0.1\times10^{-6}$），采用格里格良元素分带指数方法计算得出的不同高程元素分带指数，由表可见，其分带效果较采用全部化探原生晕样品的分带效果有明显改观。

由于地表样品 Au 含量没有大于 0.1×10^{-6} 者，故此地表（相当于 500m 以上高程）样品没有参与计算，其他不同中段均有样品参与

表 4－5　采用矿化数据（35 件）得到的格里格良元素分带指数表

高程(m)	Au	Ag	Sn	As	Sb	Bi	Hg	W	Mo	Ba	Cr	Ni	Cu	Zn	Pb
450	0.005 1	0.012 4	0.089 1	0.004 0	0.039 4	0.172 7	0.064 1	0.010 8	0.173 5	0.081 6	0.014 8	0.010 1	0.022 7	0.142 4	0.157 4
400	0.014 5	0.003 5	0.441 9	0.009 6	0.004 4	0.008 6	0.017 1	0.010 7	0.013 5	0.012 1	0.120 7	0.024 1	0.012 3	0.264 4	0.042 8
320	0.031 1	0.039 7	0.091 0	0.023 1	0.191 2	0.046 4	0.039 7	0.020 3	0.001 4	0.003 3	0.172 4	0.038 8	0.124 7	0.142 5	0.034 3
270	0.076 1	0.013 8	0.206 5	0.005 8	0.051 9	0.027 3	0.030 3	0.028 1	0.000 6	0.014 4	0.269 1	0.074 6	0.039 7	0.151 3	0.010 5
220	0.026 7	0.016 4	0.133 6	0.005 7	0.107 8	0.016 6	0.013 0	0.160 2	0.000 3	0.003 9	0.241 7	0.081 6	0.076 8	0.103 4	0.012 4
140	0.063 0	0.023 0	0.160 0	0.018 6	0.185 8	0.028 3	0.028 5	0.014 6	0.056 8	0.003 3	0.053 2	0.021 7	0.220 3	0.086 9	0.036 0
0	0.061 1	0.017 4	0.204 4	0.117 4	0.053 7	0.024 3	0.044 0	0.014 7	0.005 4	0.004 7	0.090 8	0.014 7	0.008 7	0.322 1	0.016 6
－100	0.077 0	0.037 7	0.197 0	0.006 7	0.032 0	0.154 0	0.041 1	0.032 1	0.049 8	0.014 7	0.103 9	0.032 5	0.059 1	0.151 5	0.010 8
元素分带系列：(Bi、Hg、Mo、Ba、Pb)-(Sn)-(Ag、Sb)-(Cr)-(W、Ni)-(Cu)-(As、Zn)-Au 550～400m 上部矿体尾晕＋下部矿体头晕；380～280m 近矿晕；270～170m 尾晕；160～0m 头晕＋近矿晕															

分带指数计算。其中，450m 以近矿晕或尾部晕（Bi）-尾部晕（Mo）-近矿晕（Pb）-头部晕（Hg、Ba）组合为特征；400m 以尾部晕（Sn）为特征；320m 以近矿晕（Ag）-头部晕（Sb）组合为特征；270m 以尾部晕（Cr）为主；220m 以尾部晕（W、Ni）为特征；140m 以近矿晕（Cu）为主；0m 以近矿晕（Zn）-头部晕（As）为特征；－100m 以近矿晕（Au）为特征。由上至下元素或元素组合是：（Bi、Hg、Mo、Ba、Pb）－（Sn）－（Ag、Sb）－（Cr）－（W、Ni）－（Cu）－（As、Zn）－Au。依据此元素组合，可以将元素分带大致划分为：400m 高程以上属于上部矿体尾晕＋下部矿体头晕，即（Bi、Hg、Mo、Ba、Pb）－（Sn）元素组合；380～280m 高程区间属于下部矿体的近矿晕，即（Ag、Sb）组合；270～170m 高程区间属于下部矿体尾晕，即（Cr）－（W、Ni）组合；160～－100m 区间属于又一个下部隐伏矿体头晕（As）＋上部矿体近矿晕，即（Cu）－（Zn）－Au 组合。也就是说，400m 标高以上主体为上部矿体的尾晕，上部矿体的近矿晕元素主要为 Pb，而 Pb 与 Au 矿化关系不密切（表 4—3），因此，400m 以上 Au 矿化应当很弱，实际情况也确实如此；

380～280m 高程区间内，成矿元素以与 Au 矿化密切相关的 Ag、Sb 元素组合为特征（表 4-3），因此，这个高程区间应当为 Au 矿化富集部位之一；270～170m 高程区间，成矿元素以热液矿床中的典型尾部晕元素组合为特征，即（Cr）-（W、Ni）组合，但是 Cr、Ni 均属与 Au 矿化有关元素（表 4-3），因此，该区间应当有 Au 矿化存在，但与 380～280m 区间相比，Au 矿化富集程度可能会下降，也与钻孔揭露情况相符；160～－100m 区间，成矿元素以（Cu）-（As、Zn）-Au 组合为特征，其中，Au 元素在此区间内显著富集，与 Au 矿化密切相关的 As 元素在 0m 标高富集，此外，Cu、Zn 元素也均是与 Au 矿化关系密切的元素（见表 4-3），因此，该高程区间应属于 Au 矿化富集的另一个部位之一。综上，本书认为以上元素分带指数揭示，东湾矿区 M1 矿体在 400m 标高以上是一个 Au 矿化贫化区间，380～280m 范围为 Au 矿化相对富集区间，270～170m 范围是 Au 矿化相对贫化区段，160～－100m 区间又是一个 Au 矿化相对富集区间，并且在此区间内热液矿床头部晕元素（As）表现显著，表明该区间内目前以头部晕和近矿晕叠加为主，典型的尾部晕元素未见，指示矿体向深部还应有较好的延伸程度。

（3）主要成矿元素分带指数变化特征及找矿指示。如表 4-5 所示。

Au：在矿化样品格里格良元素分带指数表中，Au 元素分带指数由高至低的排列次序是：0.077（－100m）→0.076 1（270m）→0.063 0（140m）→0.061 1（0m）→0.031 1（320m）→0.026 7（220m）→0.014 5（400m）→0.005 1（450m）。可见，Au 元素在分带指数上明显可以划分为两个区间。其一，标高 320m→－100m 范围，是 Au 元素富集区，元素富集程度总体变化不大，但在标高 220m 附近，相对贫化。其二，标高 400m 以上，是 Au 元素贫化区，与富集区相比，元素富集程度大约下降了一个数量级。Au 元素分带指数变化特征，与钻孔揭露到的矿体/矿化体分布特征相符。

在元素分带指数表（表 4-5）中，Au 元素分带指数在目前钻孔控制的最深标高－100m 附近，不仅没有降低，相反是最高的。据此可以推断，标高－100m 以下，Au 矿化还应有较好延伸。

Ag：元素相关分析表明，Ag、Au 相关性最好。在矿化样品格里格良元素分带指数表（表 4－5）中，Ag 元素分带指数最高者在 320m 标高（0.039 7），其次在－100m 标高（0.037 7），二者相差不大，一般比其他标高高 2～3 倍。进一步表明，目前钻孔控制的最深标高－100m，应是 Au、Ag 矿化相对富集的部位，因此，矿体向深部应有较好延伸。

As、Sb：元素相关分析表明，As、Sb 与 Au 具有较好的相关性，并且在热液矿床中二者一般作为典型的前缘晕指示元素。在矿化样品格里格良元素分带指数表（表 4－5）中，As 元素富集部位在 0m 标高（0.117 4），并且比其他标高高出 1～2 个数量级；Sb 元素富集部位在 320m 标高（0.191 2）和 140m 标高（0.185 8），同样比其他标高高出 1 个数量级。综合考虑认为，在目前钻孔工程控制最深的－100m 标高之上的 0～140m 标高范围内，应存在一个以头部晕为主的矿化区间，向下逐渐进入以 Au、Ag 富集为主的近矿晕范围。同样指示矿体向深部应有较好延伸。

Mo：元素相关分析表明，Au 元素与 Mo 元素之间具有显著相关性。结合本区燕山期花岗岩广泛发育 Mo 矿化的特点，推测本矿区成矿热液很可能与富 Mo 的岩浆热液有关系。在矿化样品格里格良元素分带指数表（表 4－5）上，Mo 元素仅在 450m 标高明显富集（0.173 5），比其他标高高出 1～2 个数量级。热液矿床中，Mo 一般被作为典型高温热液元素，通常出现在矿体的尾部。本矿床中 Mo 元素明显在 400m 标高以上富集，一方面与成矿流体包裹体均一测温得出的 400m 标高以上，成矿流体温度较高的信息相互验证；另一方面也进一步证明本矿床地表至 400m 标高范围是上部矿体的尾部晕，而目前钻孔控制的－100m 标高主要为下部矿体的近矿晕，与金矿化相关性较好的尾部晕元素表现不明显，因此，进一步表明矿体向下应有较好延伸。

（4）特征元素比值及找矿指示。

表 4－6 列出了东湾矿区 M1 矿体化探原生晕样品特征元素比值，

由表可见，标高 400m 以上 Au 矿化比 Ag 矿化弱（Au/Ag<1），标高 400m 以下 Au 矿化明显强于 Ag 矿化（Au/Ag>1），并且连续性好；与 Au 矿化明显相关的 Zn 元素在垂向空间上表现出与 Au 相似的变化趋势；与分带指数揭示的信息一样，头晕/尾晕比值指示在标高 320m 左右和 0m 左右存在两处明显的头部晕异常，表明标高 0m 附近是下部矿体的头部晕范围，矿体向深部应有很好延伸。

表 4-6 东湾矿区 M1 矿体化探原生晕样品特征元素比值

高程(m)	Au/As	Zn/Pb	As/Mo	(As+Sb+Hg)/(Mo+Cr+Ni)
450	0.410 13	0.904 91	0.022 994	0.542 078 451
400	4.195 804	6.182 947	0.710 693	0.196 198 328
320	0.783 615	4.158 712	16.450 37	1.195 473 829
270	5.530 289	14.374 03	9.840 5	0.255 333 644
220	1.624 531	8.347 036	20.774 9	0.390 903 816
140	2.740 584	2.414 605	0.327 521	1.769 375 26
0	3.511 149	19.350 64	21.885 71	1.939 823 866
−100	2.043 954	14.006 62	0.134 501	0.428 764 848

表 4-7 为东湾矿区 84 线化探样品原生晕特征元素比值，由表可见，标高 0m 附近 Au、Zn 元素富集，标高 140m 附近下部隐伏矿体头晕叠加显著，综合表明标高 0m 附近属于下部隐伏矿体的头部晕/近矿晕范围，矿体向深部应有较好延伸，与由多个钻孔构成的原生晕分带指数揭示的信息一致。

表 4-7 东湾矿区 84 勘探线化探样品特征元素比值

高程(m)	Au/Ag	Zn/Pb	As/Mo	(As+Sb+Hg)/(Mo+Cr+Ni)
520	0.008 766	0.381 959	0.332 870 508	1.065 659 192
400	0.089 478	0.479 679	0.383 780 093	1.017 565 395
140	0.102 474	0.192 87	19.875 302 38	9.018 118 926
0	0.390 534	2.210 34	8.725 613 921	5.565 308 738

表 4－8 为东湾矿区 88 线化探样品原生晕特征元素比值，由表可见，标高 140m 附近存在 Au、Zn 元素富集，标高 320m、0m 附近存在明显头部晕指示元素异常。虽然与 84 线 Au、Zn 元素富集部位有差异，但总体上出现在目前钻孔控制深度的下部，而头部晕异常出现的部位与由多个钻孔构成的原生晕分带指数揭示的信息完全一致。综合认为，标高 0m 附近是深部又一个隐伏矿体的头部晕/近矿晕范围，矿体向深部还应有较大延伸。

表 4－8　东湾矿区 88 勘探线化探样品特征元素比值

高程(m)	Au/Ag	Zn/Pb	As/Mo	(As＋Sb＋Hg)/(Mo＋Cr＋Ni)
500	0.032 282	0.401 331	0.355 647	0.419 585 826
320	0.078 362	0.415 871	16.450 37	1.878 379 244
270	0.276 258	1.528 195	4.350 196	0.590 828 983
140	1.018 519	2.364 261	0.008 672	0.011 440 659
0	0.255 764	1.736 799	18.056 48	4.527 038 569

照片 4－8 为取自 ZK8602 标高 140m 左右的矿石镜下矿相照片，其中广泛发育黄铜矿-闪锌矿-方铅矿矿物组合，是此标高附近富集

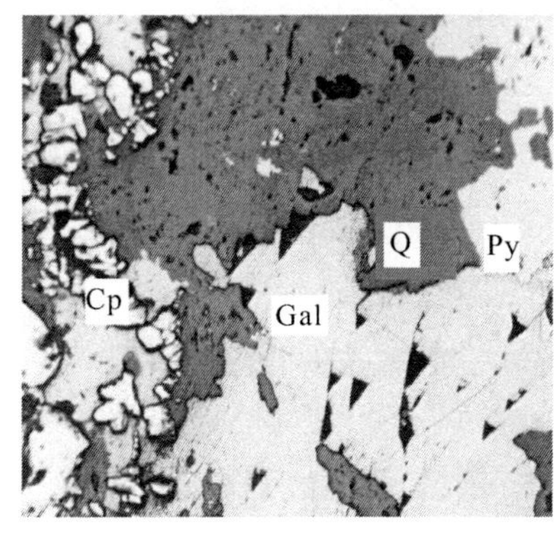

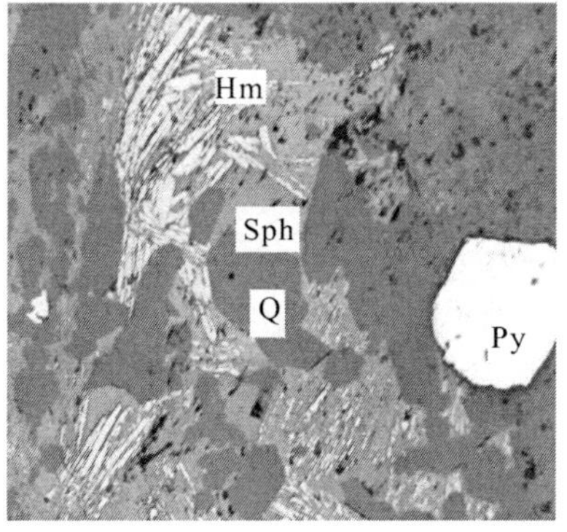

照片 4－8　东湾矿区 ZK8602 标高 140m 左右的矿石中广泛发育黄铁矿-黄铜矿-方铅矿-闪锌矿矿物组合，Py. 黄铁矿；Cp. 黄铜矿；Gal. 方铅矿；Sph. 闪锌矿；Hm. 赤铁矿；Q. 石英

Cu、Zn、Pb 多金属元素的直接证据，也是对化探原生晕分带结果的有力支持。

（5）化探原生晕研究小结。

通过化探原生晕分带及特征元素比值研究，表明在地表～－100m标高范围内，东湾矿区矿体沿倾斜方向上很可能连续性很好，但是，这个连续性完整的矿体内部可能由头尾相连的不同矿体构成，其中，标高 380～200m 范围可能为一个矿体，标高 200m 以下可能为另一个矿体。而下部矿体在标高 140～0m 范围内主要显示头部晕和近矿晕组合特征，因此，揭示下部矿体向深部还应有较好延伸。

4.2.3 黄铁矿标型矿物特征及找矿指示

1）取样分布

图 4－4 是东湾矿区 M1 矿脉黄铁矿标型研究样品采样分布位置图，由代表 3 个高程的 5 个钻孔样品构成，分别为：140m 高程的 ZK8602 钻孔，0m 左右高程的 ZK8404（高程 7m）钻孔和 ZK8805（高程－18m）钻孔，－100m 左右高程的 ZK8008（－60m）和 ZK8807（－140m）钻孔。

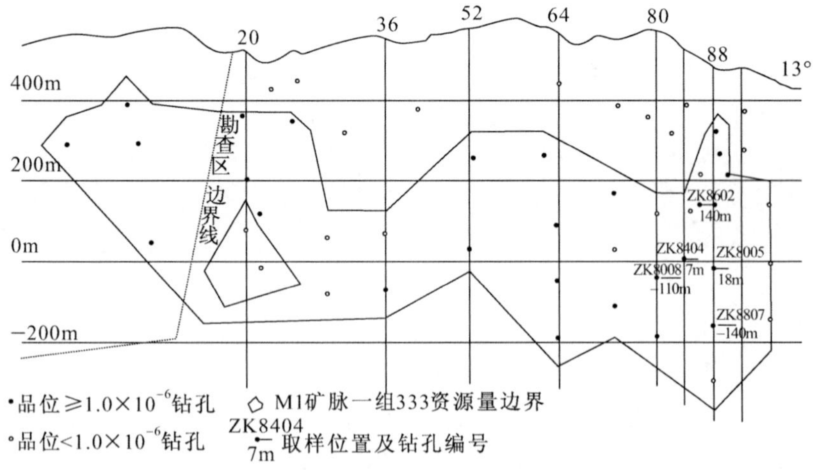

图 4－4 东湾矿区 M1 矿脉黄铁矿标型研究样品采样分布位置图

2）样品宏微观特征

照片 4-9 为东湾矿区本次黄铁矿标型研究不同标高矿石标本宏观、微观特征，矿石镜下结构特征显示，矿石中的黄铁矿矿物多为碎裂结构、角砾结构和交代残余结构，并被黄铜矿、闪锌矿、方铅矿、石英等矿物充填/交代。因此，本矿区矿石中的大多数黄铁矿为成矿早阶段产物。但也有少数黄铁矿（如 ZK8008 矿石照片）为晚阶段成矿产物，黄铁矿晶型保留较完整、矿物表面洁净，无明显溶蚀凹坑。

3）黄铁矿形态标型及找矿指示

表 4-9 为东湾矿区不同高程黄铁矿形态标型统计结果，照片 4-10 为本次研究部分样品黄铁矿形态标型特征照片。由表可见，标高＋140m 向下，黄铁矿形态标型表现出立方体数量逐渐减少、五角十二面体黄铁矿数据急剧增加的特征。其中，在 0～－60m 区间，五角十二面体黄铁矿最多。大量的研究表明，在立方体、八面体和五角十二面体黄铁矿三者之中，以五角十二面体黄铁矿载金能力最好。由此表明，向深部 Au 矿化显示增强变好的潜力，这与化探原生晕特征元素 Au/Ag 比值向深部越来越高的结果一致，并相互验证。

4）黄铁矿成分特征及找矿指示

为进一步揭示矿区黄铁矿标型变化规律，研究中选择黄铁矿矿物中常见的并具有成因指示意义的 As、Co、Ni 微量元素以及金矿床主要成矿元素 Au 和 Ag 开展微量元素测试。为确保测试数据精度，测试样品黄铁矿单矿物集合体质量不少于 1g，测试工作在中国冶金地质总局地球物理勘查院测试中心完成，测试仪器为 PEAA-600 原子吸收分光光度计，测试结果如表 4-10 所示。

图 4-5～图 4-10 是根据表 4-10 所做的不同元素及元素比值随高程变化图解。由图 4-5 可见，垂向上，由浅至深，As 元素总体表现为低→高→低的变化特征，其中在高程 0m 左右 As 含量最高。在图 4-5 上，As 含量由小变大的转折点大致在 150m 附近，再由大变小的转折点大致在－50m 附近，因此，高程 150～－50m 范围是 As 元素含量转换部位。此与化探原生晕分带指数（表 4-4、表 4-5）及化探特征元素比值（表 4-6、表 4-7、表 4-8）得出的高程 140～0m 范围存在热液矿床头部晕异常认识相近。

ZK8602黄铁矿胶结角砾型矿石
高程：+140m

ZK8602矿石镜下结构特征，早阶段
黄铁矿破碎，被黄铜矿-闪锌矿-石英充填

ZK8404细粒稀疏浸染状黄铁矿矿石
高程：+7m

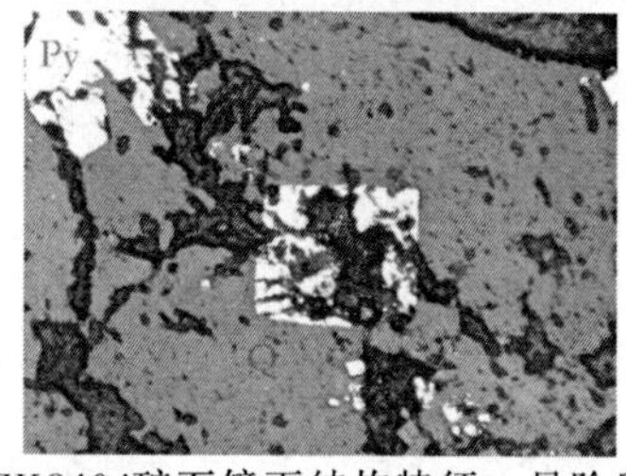

ZK8404矿石镜下结构特征，早阶段
黄铁矿被晚阶段热液交代残余结构

ZK8805脉状黄铁矿矿石
高程：-18m

ZK8805矿石镜下结构，
早阶段黄铁矿碎裂结构

ZK8008稠密浸染状黄铁矿矿石
高程：-60m

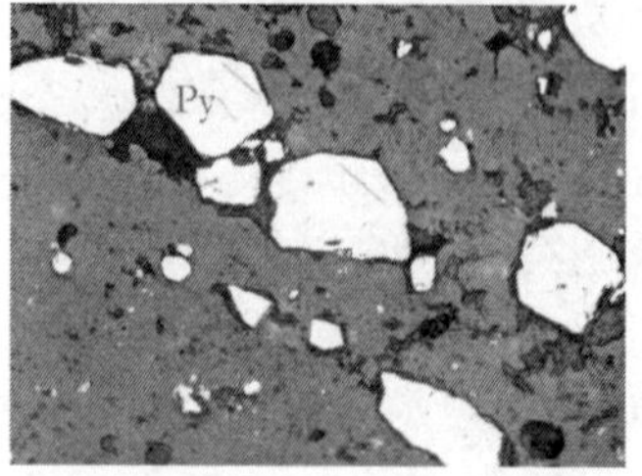

ZK8008矿石镜下结构，晚阶段自
形—半自形黄铁矿裂隙充填结构

照片 4-9 东湾矿区本次黄铁矿标型研究不同标高矿石标本宏观、微观特征

表4-9 东湾矿区不同高程黄铁矿形态标型统计结果表

形态 位置	立方体	八面体	五角十二面体	取样高程（m）
DW-ZK8602	196	0	8	140
DW-ZK8404	200	5	0	7
DW-ZK8805	201	54	62	−18
DW-ZK8008	109	1	90	−60
DW-ZK8807	379	1	25	−140

ZK8602立方体+140m

ZK8404立方体+7m

ZK8805五角十二面体-18m

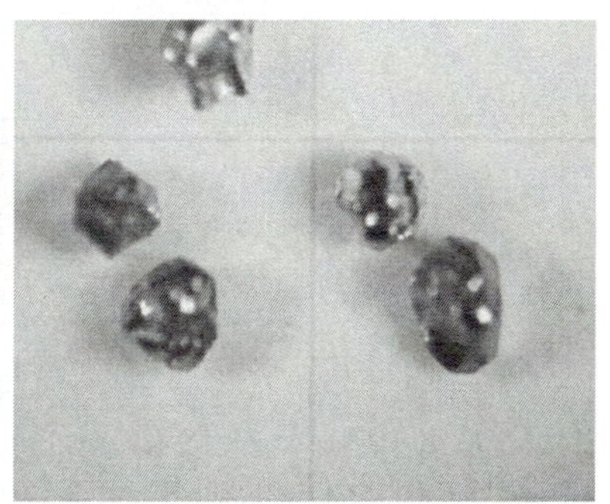

ZK8008五角十二面体-60m

照片4-10 本次研究部分样品黄铁矿形态标型特征

表 4-10　东湾矿区不同高程黄铁矿微量元素测试结果表

样品号	高程(m)	检测项目及结果 w (B) /10^{-6}					As/(Co+Ni)	Au/Ag
		Ag	Co	Ni	As	Au		
PY-8-1	278	6.19	168.5	115.6	39.52	0.34	0.139 086	0.054 892
PY-8-2	278	10.67	203.7	129.1	98.51	0.48	0.296 039	0.045 415
PY-5-1	266	38.32	191.3	21.95	63.39	0.42	0.297 215	0.010 905
PY-5-2	266	70.69	214.3	47.14	218.9	3.16	0.837 484	0.044 715
DW-ZK8602	140	147.4	43.85	27.27	155.6	1.33	2.187 43	0.009 002
DW-ZK8404	7	65.44	15.38	33.07	1048	2.68	21.622 08	0.040 933
DW-ZK8805	−18	10.38	25.79	5.81	188.0	1.87	5.949 684	0.180 055
DW-ZK8008	−60	24.65	22.27	15.51	36.93	1.24	0.977 501	0.050 503
DW-ZK8807	−140	6.05	42.08	39.77	64.43	31.98	0.787 157	5.287 698
DW-ZK8807	−140	19.96	23.24	11.76	14.18	40.32	0.405 206	2.020 445

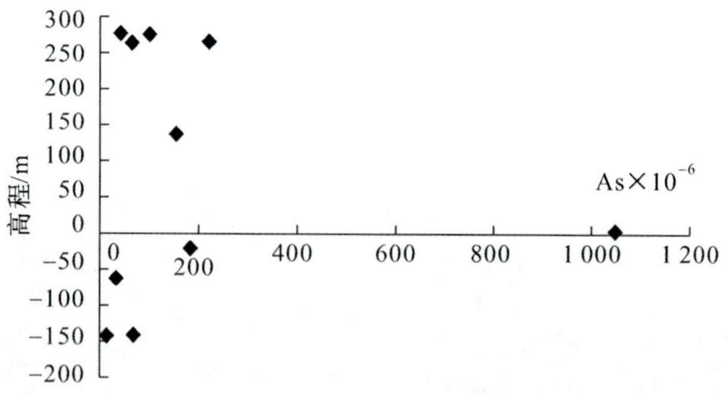

图 4-5　东湾矿区黄铁矿中 As 元素含量随高程变化图

由图 4-6、图 4-7 可见，黄铁矿中的 Co、Ni 元素具有相似的变化规律，均表现为由大→小→逐渐变大，由大变小再由小变大的转折点在高程 0m 左右。在图 4-8 上，As/(Co+Ni) 比值表现为由小→大→小的变化特征，由小变大和由大变小的转折点分别出现在

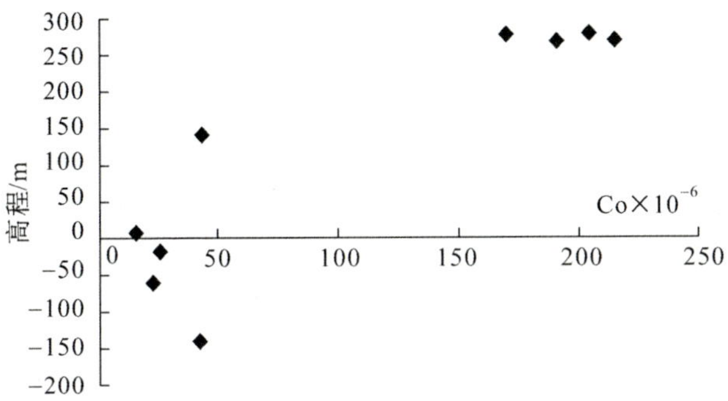

图 4-6　东湾矿区黄铁矿中 Co 元素含量随高程变化图

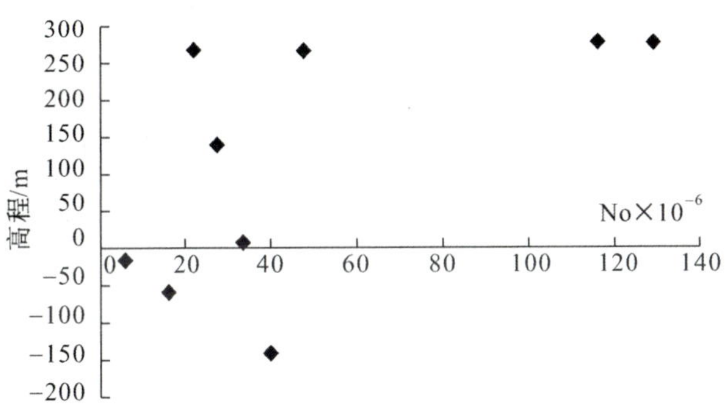

图 4-7　东湾矿区黄铁矿中 Ni 元素含量随高程变化图

150m 和 0m 附近。黄铁矿中 Co、Ni 和 As 元素高低对黄铁矿成因具有指示意义。其中，Co 和 Ni 离子在高温条件下容易进入黄铁矿晶格替代 Fe 离子，相反，As 离子要在低温条件下进入黄铁矿晶格替代 S 离子。因此，上述图解中黄铁矿 Co、Ni 和 As 含量随高程变化特征表明，东湾矿区高程 150～0m 范围可能是一个成矿流体场温度叠加转换的地段。其中，上部高温成矿流体作用逐渐减弱，下部低温成矿流体作用逐渐加强，由此导致上部成矿热液尾部晕元素与下部成矿热液头部晕元素在一定范围内叠加，指示下部有隐伏矿体存在。此与化探元素轴向原生晕分带反转的找矿指示意义相同（李慧，1999）。由

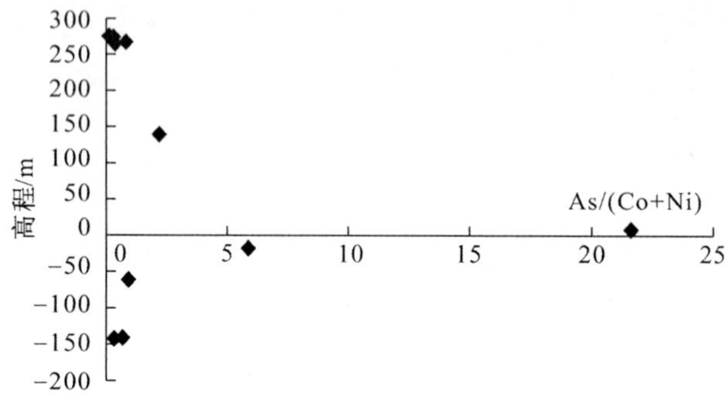

图 4-8　东湾矿区黄铁矿中 As/（Co+Ni）比值随高程变化图

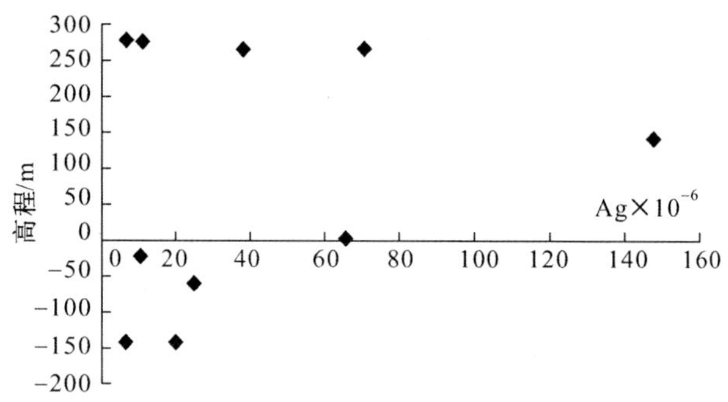

图 4-9　东湾矿区黄铁矿中 Ag 元素含量随高程变化图

此可见，黄铁矿中的 As、Co、Ni 成分变化特征，与化探原生晕分带指数一样具有找矿指示作用。

图 4-9、图 4-10 是黄铁矿中 Ag、Au 两种元素随高程变化情况，由图 4-8 可见，由上至下，Ag 元素总体上有逐渐降低的趋势；Au 在高程＋300～－60m 范围内含量很稳定，但在高程－140m 的两个样品 Au 含量陡然增加，原因不明。但是，考虑到上部 400m 范围内 Au 含量很稳定的特点，推测－140m 的两个样品很可能属于异常现象，不具有代表性。尽管如此，向下 Ag 含量降低、Au 含量相对上升的趋势还是与化探原生晕分带反映的结果一致。

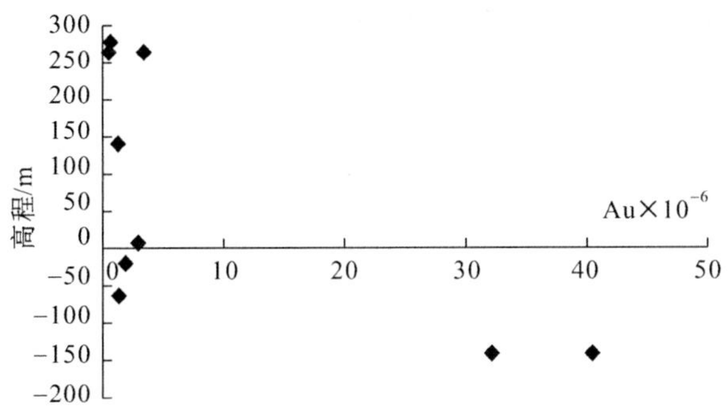

图 4-10　东湾矿区黄铁矿中 Au 元素含量随高程变化图

5）黄铁矿标型研究小结

黄铁矿形态标型特征研究表明，标高 0～−100m 之间五角十二面体黄铁矿数量显著增加，有可能指示此段金矿化相对富集；黄铁矿成分标型研究表明，标高 150～0m 范围，黄铁矿中具有成因指示意义的 Co、Ni、As 元素及 As/（Co+Ni）比值有明显转折，揭示标高 150～0m 范围可能为上部矿体与下部矿体的叠加转换地段，深部可能有隐伏矿体存在。黄铁矿成分标型所揭示的找矿信息与化探原生晕所给出的找矿信息基本一致。

4.2.4　成矿流体温度场特征及找矿指示

1）成矿流体取样分布及样品岩石学基本特征

图 4-11 是本次东湾矿区成矿流体场研究样品取样位置分布图，由图可见，采集样品大体上可以划分为以下几个高程范围：550～500m（7801，8301），500～450m（8801，9002，9201），400～300m（8201，8401），150m±（8602，8803），0～−50m（8008，8404，8805）。样品采集的具体标高及基本岩石学特征如表 4-11 所示。根据矿床矿化的四个阶段，即钾化-硅化-浸染状黄铁矿化阶段、乳白色石英-团块状黄铁矿阶段（两者均属早期成矿阶段）、烟灰色石英-多金属硫化物阶段（也称主成矿阶段）、石英-碳酸盐阶段（也称晚期成

矿阶段），可将本次取样样品划分为成矿早、中、晚三个阶段。不同阶段代表性矿石宏观特征如照片 4-11 所示。

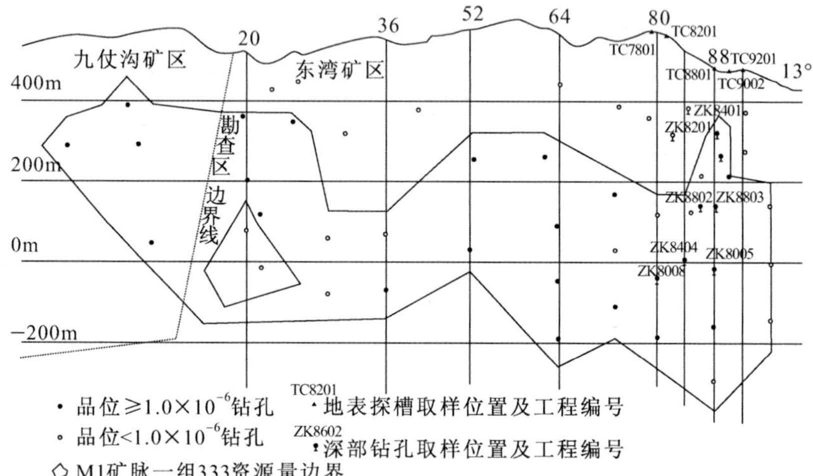

图 4-11　东湾矿区 M1 矿脉成矿流体场研究样品分布位置图

表 4-11　东湾矿区成矿流体场研究样品取样位置及基本岩石学特征

原样号	送样号	高程(m)	岩石学特征观察描述
LT7801-1	DW-LT-1	578	岩石风化面呈褐红色，新鲜面呈灰紫色，块状构造、网脉状构造，斑状结构。主要斑晶矿物为长石，已粘土化，含量约 5%。基质为隐晶质。岩石较坚硬，硅化较强，沿网脉内部有褐铁矿成分充填
LT7801-2	DW-LT-2	578	岩石标本特征同上
DW-83-1	DW-LT-3	530	岩石风化面呈褐色、灰绿色，新鲜面呈乳白色、褐色，碎裂状结构，块状构造。主要矿物成分为乳白色结晶石英，受后期构造作用挤压破碎，沿裂隙被褐铁矿物质充填。应属成矿早期阶段产物

续表 4－11

原样号	送样号	高程(m)	岩石学特征观察描述
DW9002－L1	DW－LT－4	470	岩石风化面呈土黄色,新鲜面呈灰白色、浅褐色、栗色,块状构造,自形—半自形全晶质结构。主要矿物为乳白石英和灰白色方解石,石英呈它形填隙结构,充填于自形方解石矿物之间,含量约 80%。方解石呈自形,含量约 20%。岩石受力碎裂,具可拼贴性,其内充填褐铁矿。肉眼下,石英和方解石似为共生关系,成矿阶段归属不明
DW9003－L1	DW－LT－5	470	构造角砾岩,地表已强烈风化,呈土黄色,角砾构造。角砾成分主要为英安岩,大小 0.2～0.5mm,呈次棱角状,含量约 80%,其间被土黄色成分胶结,推测为氧化黄铁矿
LT9201－1	DW－LT－6	480	岩石风化面呈灰褐色、黄褐色,新鲜面呈灰白色、铜黄色,块状构造。主要矿物为乳白色石英和粗大颗粒的黄铁矿脉状集合体,黄铁矿集合体内部挤压破碎较明显,靠近手标本表面一侧黄铁矿褐铁矿化强烈(闪锌矿?)。此外,手标本表面有方解石,切开新鲜面可能也有方解石,但含量不多
LT9201－2	DW－LT－7	480	岩石标本特征同上
DW－8801－补 1	DW－LT－8	467	岩石风化面呈土黄色、黄褐色,新鲜面呈灰白色、铜黄色、红褐色,块状构造,碎裂状结构。主要矿物为石英,约占 90%,油脂光泽,等粒粗晶结构。其次为黄铁矿,呈团块状集合体,铜黄色,内部破碎,部分黄铁矿集合体已强烈褐铁矿化。黄铁矿集合体与石英之间呈不规则接触,肉眼下多见黄铁矿集合体边缘呈棱角状插入石英之中。可见少量方解石呈胶结物充填在早期石英、黄铁矿裂隙或矿物粒间
DW－8801－补 2	DW－LT－9	467	岩石呈灰绿色、灰白色,角砾状构造,角砾大小 3～15mm,呈棱角状到次棱角状,角砾成分主要为凝灰岩,可能有少量安山岩,角砾含量占 40%～60%。胶结物为方解石,呈细粒集合体状,含量约 80%,其次为不均匀分布的黄铁矿,含量约 5%,及少量岩粉
DW－ZK8805－L1	DW－LT－10	－18	手标本特征同上

续表 4-11

原样号	送样号	高程(m)	岩石学特征观察描述
DW-ZK8805-L2	DW-LT-11	−18	岩石呈灰绿色,细脉浸染状构造。蚀变较强烈,原岩结构模糊,局部可见长石斑晶有叶蜡石化。主要蚀变类型为隐晶质硅化,其次为碳酸盐化,黄铁矿一种呈细粒自形矿物均匀分布,另一种呈细脉状集合体产出。岩芯中心有一条宽约 4mm 的裂隙被黄铁矿集合体及原岩角砾充填
DW-ZK8805-L3	DW-LT-12	−18	岩石新鲜面总体呈白色,内部含灰绿色网脉。碎裂结果,块状构造。主要矿物为乳白色粗粒石英,含量约 95%,受压破碎,但可拼贴,其内为灰绿色物质充填形成网脉,可能为微细粒黄铁矿成分
DW-ZK8008-L1	DW-LT-13	−60	手标本特征同上
DW-ZK8008-L2	DW-LT-14	−60	岩石呈灰绿色,角砾构造。角砾成分主要为隐晶质火山岩,色率高,粒径 3~4mm,局部有 10mm 火山岩屑角砾,角砾含量 40%~60%。胶结物成分主要为原岩岩粉。见一条碳酸盐脉斜切过岩芯,脉上有宽 2cm 左右黄褐色物质充填,较坚硬,可能为隐晶质硅化
DW-ZK8008-L3	DW-LT-15	−60	岩石呈肉红色,斑状结构,块状构造。斑晶矿物为钾长石,短柱状,粒径 3~4mm,含量约 5%。基质为隐晶质。斜切岩芯有数条烟灰色石英-黄铁矿脉,脉宽 2~4mm。此外,岩芯两侧横断面均有浸染状细粒黄铁矿分布,黄铁矿含量约 3%
DW-ZK8404-L	DW-LT-16	7	岩石呈灰黑色,隐晶质结构,致密块状构造、纹层状构造。原岩可能为硅化沉凝灰岩。内部不均匀分布有少量宽约 1mm 左右的碳酸盐细脉
DW-ZK8401-L1	DW-LT-17	390	样品已保留不足。残存两小块可能为方解石-石英脉
DW-ZK8401-L2	DW-LT-18	390	岩石呈灰白、灰绿色,角砾胶结构造。角砾成分为绢云母绿泥石化火山岩,呈棱角状,粒径 1~3cm,其间被石英-方解石脉胶结,见 1% 左右稀疏细粒黄铁矿散布
DW-ZK8602-L1	DW-LT-19	140	岩石呈灰紫色,致密块状构造,斑状结构,斑晶矿物为长石,已粘土化,含量 5%左右,基质为隐晶质。全岩硅化较强,致使岩石坚硬完整。此外,见少量石英细脉斜切岩芯出现,硫化物罕见

DW-LT-4东湾矿区地表早期乳白色石英团块状黄铁矿

DW-LT-16 东湾ZK8404标高140m附近早期钾化石英硫化细脉

DW-LT-5东湾矿区地表胶结早期乳白色石英的石英-方解石-黄铁矿脉体

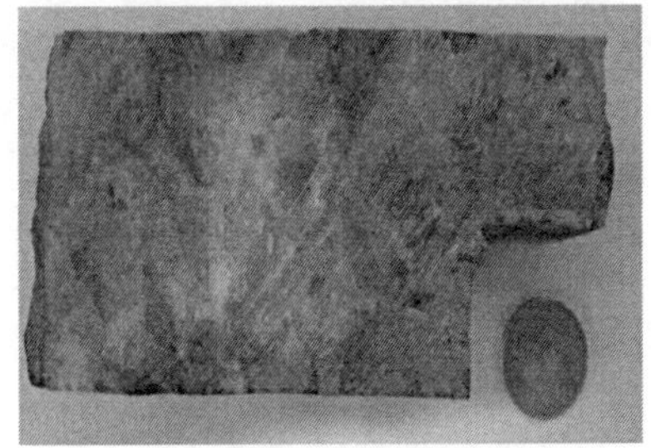
DW-LT-9东湾矿区ZK8805标高-18m附近胶结角砾的石英硫化物

DW-LT-2东湾矿区地表硅化英安岩

DW-LT-15东湾矿区ZK8008标高-60m附近矿化岩石内的石英-碳酸盐细脉

照片4-11　不同成矿阶段代表性矿石宏观特征照片

2）流体包裹体特征

镜下流体包裹体主要寄主矿物为石英，个别为方解石。基本上全部包裹体都是气液两相包裹体 H_2O（V）+H_2O（L）。也可见含液

态 CO_2 的三相包裹体但数量稀少。包裹体整体主要呈群状分布，部分呈线状和孤立状分布。群状/线状气液两相包裹体数量较多但个体较小，范围为 2～5μm，多为椭圆形，亦可见负晶形。孤立分布包裹体数量相对较少，但个体较大，范围 5～10μm，呈近三角形和不规则状。本次测试的包裹体主要为孤立的原生流体包裹体，少量为个体较大的群状流体包裹体。升温均一相态几乎全部为液相，仅个别包裹体均一为气相。气液比在 5%～15%之间。现将本次测试样品流体包裹体特征汇总于表 4-12。典型流体包裹体产出分布镜下特征见照片 4-12。

表 4-12　东湾矿区流体包裹体测试记录表

样品编号	寄主矿物	包裹体类型	包裹体形态	大小(μm) 观测个数	平均气液比(%)	平均均一温度(℃)
DW-LT-1	薄片不透明,无法观测					
DW-LT-2	石英	气液两相	椭圆	2～5 19	5～10	191.4
DW-LT-3	石英	气液两相	不规则状	5～10 19	10～15	260.3
DW-LT-4	石英	气液两相	不规则状	5～10 19	10～20	319.4
DW-LT-5	石英	气液两相	椭圆/不规则	5～10 19	10～15	236.3
DW-LT-6	石英	气液两相	椭圆	<2	无法观测	
DW-LT-7	石英	气液两相	椭圆	<2	无法观测	
DW-LT-8	石英	气液两相	椭圆/不规则	5～10 19	10～15	280.2
DW-LT-9	石英	气液两相	椭圆/不规则	5～15 19	10～15	275.4

续表 4-12

样品编号	寄主矿物	包裹体类型	包裹体形态	大小(μm) 观测个数	平均气液比(%)	平均均一温度(℃)
DW-LT-10	石英	气液两相/少数 CO_2 三相	椭圆/不规则	2～10 19	10～15	238.8
DW-LT-11	石英	气液两相	椭圆/不规则	2～10 18	10～15	274.8
DW-LT-12	石英	气液两相	椭圆	<2	无法观测	
DW-LT-13	石英	气液两相	椭圆	2～10 19	10～15	219.3
DW-LT-14	石英	气液两相	椭圆	5～10 2	5～10	223.6
DW-LT-15	石英	气液两相	椭圆/不规则	5～10 19	10～15	202.2
DW-LT-16	石英	气液两相	椭圆/负晶形	5～10 19	10～15	333.3
DW-LT-17	石英	气液两相	椭圆/负晶形	5～10 19	5～10	282.2
DW-LT-18	石英	气液两相	椭圆/不规则	5～10 19	5～10	269.2
DW-LT-19	石英	气液两相	椭圆/不规则	2～5 19	5～10	202.8
DW-LT-20	方解石	气液两相	不规则	2～5 19	5～10	194.6
DW-LT-21	石英	气液两相	椭圆/不规则	5～20 14	5～10	297.9

注：表中样品代表的取样标高可根据样品编号在表 4-11 中获得。

3）成矿流体成分及物理化学性质

（1）流体成分特征。

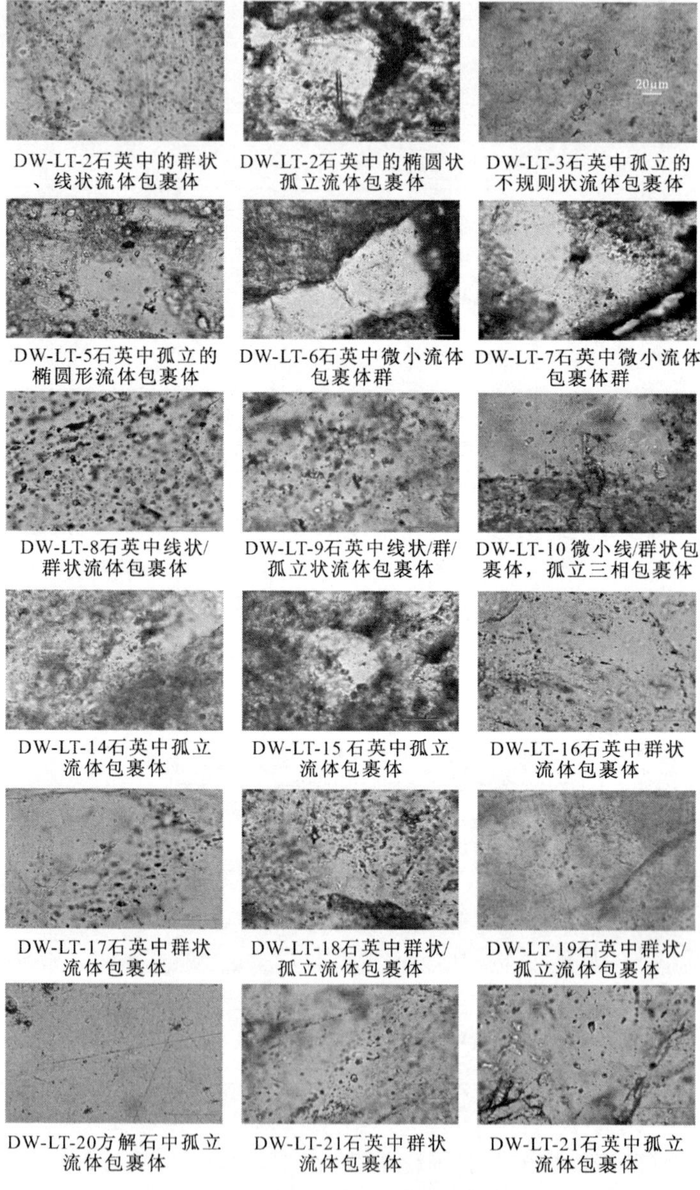

照片4-12　东湾矿区典型样品流体包裹体产出分布特征照片

本次包裹体成分测试共选取东湾矿区代表 2 个成矿阶段的石英流体包裹体样品共 4 件，测试单位为中国地质科学院矿产资源研究所，其中包裹体气相成分测试仪器为日本岛津公司 GC2010 气相色谱仪和澳大利亚 SGE 公司热爆裂炉，标准物质来源为国家标准物质研究中心；包裹体液相成分测试仪器为日本岛津公司 Shimadzu HIC - SP Super 离子色谱仪，标准物质来源为国家标准物质研究中心。流体包裹体气液相成分测试分析结果如表 4 - 13 和表 4 - 14 所示。

表 4 - 13　东湾矿区不同成矿阶段流体包裹体气相成分分析结果表

成矿阶段	样品号	均一温度(℃)	气相成分(mol%)						气体总量($\times10^{-6}$mol/g)
			CH_4	$C_2H_2+C_2H_4$	C_2H_6	CO_2	H_2O	CO	
成矿早阶段	DW - LT - 5	288.05	0.36	0.04	微量	35.40	64.20	0	4.190 0
	DW - LT - 8	266.60	0.47	0.02	微量	34.31	65.20	0	3.264 7
成矿晚阶段	DW - LT - 15	197.60	0.25	0.02	微量	22.31	77.42	0	4.706 9
	DW - LT - 19	202.80	0.56	0.02	微量	14.65	84.77	0	20.231 2

表 4 - 14　东湾矿区不同成矿阶段流体包裹体液相成分分析结果表

成矿阶段	样品号	均一温度(℃)	液相成分(μg/g)										
			Li^+	Na^+	K^+	Mg^{2+}	Ca^{2+}	F^-	Cl^-	NO_2^-	Br^-	NO_3^-	SO_4^{2-}
成矿早阶段	DW - LT - 5	288.05	0	3.219	1.311	0	3.134	0.115	2.609	0	0.066	0.151	4.753
	DW - LT - 8	266.60	0	3.586	1.426	0	0	0.111	4.528	0	0.111	1.052	3.967
成矿晚阶段	DW - LT - 15	197.60	0	9.408	2.733	0.783	6.824	0.155	4.246	0	0	0.407	28.593
	DW - LT - 19	202.80	0	19.432	7.944	0	13.985	0.135	52.809	0	0.385	0.182	9.557

从表 4 - 13 和表 4 - 14 中可以看出，本区包裹体气相成分以 CO_2、H_2O 为主，含少量 CH_4、C_2H_2、C_2H_4，液相成分以 Na^+、K^+、SO_4^{2-}、Cl^- 为主，少量 Ca^{2+}、F^-、NO_3^-、Br^-，根据前人研究成果（张德会等，1998），以上这些离子为主的成矿热液有较强的溶解成矿物质的能力。

从相关流体包裹体成分的比值来分析判断矿床成矿流体物质来源

上，前人做了大量的研究工作（翟建平等，1996；王长明等，2006），普遍认为当［w（Na^+）/w（K^+）］<2，［w（Na^+）/w（Ca^{2+} + Mg^{2+}）］>4 时，为典型岩浆热液型；当［w（Na^+）/w（K^+）］>10，［w（Na^+）/w（Ca^{2+} + Mg^{2+}）］<1.5 时，为典型热卤水型；当 2<［w（Na^+）/w（K^+）］<10，1.5<［w（Na^+）/w（Ca^{2+} + Mg^{2+}）］<4 时，可能为层控热液型或是沉积型。而本区（表 4-15）w（Na^+）/w（K^+）比值介于 2.45～3.44 之间，w（Na^+）/w（Ca^{2+} + Mg^{2+}）比值介于 1.03～1.39 之间，再结合 w（Cl^-）/w（F^-）的比值，w（Cl^-）/w（F^-）是>1 的，再根据前人研究成果及邻近矿区资料，基本可以判断本矿床成矿流体来源上既非典型岩浆热液来源，也不是典型热卤水来源，而是以岩浆热液来源为主，可能还混有其他热液来源。

表 4-15　东湾矿区不同成矿阶段流体包裹体特征成分比值结果表

成矿阶段	样品号	$V(CO_2)/V(H_2O)$	$w(Na^+)/w(K^+)$	$w(Na^+)/w(Ca^{2+})$	$w(Na^+)/w(Ca^{2+}+Mg^{2+})$	$w(Cl^-)/w(F^-)$
成矿早阶段	DW-LT-5	0.55	2.46	1.03	1.03	22.69
	DW-LT-8	0.53	2.51	无	无	40.79
成矿晚阶段	DW-LT-15	0.29	3.44	1.38	1.24	27.39
	DW-LT-19	0.17	2.45	1.39	1.39	391.18
范围		0.17～0.55	2.45～3.44	1.03～1.39	1.03～1.39	22.69～391.18
平均值		0.39	2.72	1.27	1.22	120.51

（2）流体包裹体物理化学参数。

流体包裹体的参数 pH 值、Eh 值等物理化学参数的计算一直处于探索的阶段，国内外学者对其进行了研究，总结出一些经验公式和图解（李秉伦等，1982，1986）。国内学者刘斌对前人的研究做了总结，得出简单体系下水溶液包裹体 pH 值和氧逸度（$\lg f_{O_2}$）的经验计算公式（刘斌等，2001）。本书利用这些公式计算出本区不同成矿阶段的流体包裹体 pH 值、氧逸度（$\lg f_{O_2}$）、还原参数，结果如表 4-16 所示。

表 4-16　东湾矿区不同成矿阶段流体包裹体物理化学参数计算结果表

成矿阶段	样品号	均一温度(℃)	pH	$\lg f_{O_2}$	还原参数
成矿早阶段	DW-LT-8	266.60	5.8	−13.6	0.014 3
成矿晚阶段	DW-LT-15	191.10	5.78	−15.6	0.012 1
	DW-LT-19	202.30	5.78	−15.6	0.039 6

纯水中性点 pH 值随温度变化而变化，根据梅桂友、李春芳等（1994，1999）的研究成果，得出在 266℃、191℃以及 202℃下纯水中性 pH 值分别为 4.97、5.38、5.31，可见成矿早阶段，成矿晚阶段，成矿流体呈现弱碱性，有向弱酸性转变的趋势，从还原参数来看，成矿晚阶段比早阶段还原性强。从早阶段到晚阶段，氧逸度（$\lg f_{O_2}$）由大变小，总体反映成矿环境为弱还原环境。

（3）冰点温度和盐度。

据前人研究成果（Collins，1979；Rodder，1984；Diamond，1994），冷冻法是确定 $NaCl-H_2O$ 水盐体系流体包裹体盐度的主要方法，通过测定流体包裹体冰点温度以获得盐度数据。

本区流体包裹体冰点温度的测试是在中国地质大学（武汉）流体地质学实验室进行的，使用仪器为英国产 LinkamTH600 冷热两用台。本次测试的石英流体测温样品为 4 个，这 4 个样品包括了成矿的 2 个阶段，利用冷冻法对每个流体测温片中容易观察的原生气液包裹体进行冰点温度的测试，测试个数为 16～20 个，测试结果见表 4-17，通过 Potter 对于 $NaCl-H_2O$ 水盐体系的盐度计算公式，求得流体盐度值（S）：

$$S(\omega\%NaCl)=1.769\,5\,|T_i|-4.238\,4\times10^{-2}\,|T_i|^2+5.277\,8\times10^{-4}\,|T_i|^3$$

式中：S——盐度；

T_i——冰点温度。

从表 4-17 中可以看出，本区成矿早阶段流体均一温度平均值为 290.95℃，盐度平均值为 10.20%；成矿晚阶段流体均一温度平均值为 196.70℃，盐度平均值为 11.95%。全区盐度平均值为 11.08%。

表 4-17　东湾矿区不同成矿阶段流体包裹体盐度测试结果表

成矿阶段	样品号	均一温度（℃）	冰点温度（-℃）	盐度（%）
		均值	均值	均值
成矿早阶段	DW-LT-8	266.60	7.25	7.2
	DW-LT-16	315.30	10.10	13.2
平均值		290.95	8.68	10.20
成矿晚阶段	DW-LT-15	191.10	10.80	12.7
	DW-LT-19	202.30	8.90	11.2
平均值		196.70	9.85	11.95

卢欣祥、尉向东等（2003）在研究小秦岭-熊耳山地区地幔流体特征时，总结出本区构造蚀变岩型金矿床包裹体特征为：包裹体类型较简单，以气液比较小的气液包裹体为主，包裹体个体较小，均一温度为 260～270℃，盐度跨度范围大，为 4%～17%，多数为 9%～14%。

孟宪锋（2007）在研究嵩县南部金成矿条件中述及到，嵩县南部的庙岭金矿（蚀变岩型金矿）包裹体类型为气液包裹体，个体小，气液比为 5%～20%，均一温度平均值为 232℃。燕建设等（2005）在马超营断裂带金矿研究中也论述到该矿区包裹体个体小，类型简单，均一温度为 260℃左右，盐度普遍较低，一般为 4.3%～6.6%。可见，本矿区包裹体基本特征与区域上其他矿床基本类似。

（4）密度和压力。

据刘斌、段光贤等（1987）利用大量水盐体系溶液的实验数据，采用数值插值、最小二乘法等计算方法，得到了含盐度≤25%的 $NaCl-H_2O$ 溶液包裹体的密度式和等容式。其密度计算公式为：

$$D=A+Bt+Ct^2$$

式中：D——流体密度（g/cm^3）；

t——均一温度（℃）；

A、B、C——为无量纲常数，它们是盐度的函数：

$A=0.993\ 531+8.721\ 47\times10^{-3}S-2.439\ 75\times10^{-5}S^2$

$B=7.116\ 52\times10^{-5}-5.220\ 8\times10^{-5}S+1.266\ 56\times10^{-6}S^2$

$C=-3.499\ 7\times10^{-6}+2.121\ 24\times10^{-7}S-4.523\ 18\times10^{-9}S^2$

式中：S——流体盐度（%）。

其等容式为：

$$P=a+bt+ct^2$$

式中：P——压力（bar）；

t——成矿温度（℃）；

a、b、c——为无量纲常数，不同盐度、密度下的 a、b、c 参数值可见刘斌、段光贤文章《NaCl - H_2O 溶液包裹体的密度式和等容式及其应用中》所注明的数值。

目前流体密度和压力的计算可用 Flincor 软件进行，该软件就是利用上述原理设计出来的，本书密度和压力的计算利用了该软件。计算结果如表 4 - 18 所示。

表 4 - 18　东湾矿区不同成矿阶段流体包裹体液相成分分析结果表

成矿阶段	样品号	密度（g/cm^3）	压力（bar）
成矿早阶段	DW - LT - 8	0.846	92
	DW - LT - 16	0.846	101
平均值		0.846	97
成矿晚阶段	DW - LT - 15	0.972	11
	DW - LT - 19	0.950	18
平均值		0.960	15

从表 4 - 18 中可以看出，本区成矿流体密度范围为 0.846～0.960g/cm^3，说明本区成矿流体属低密度流体，且变化范围相对较小，说明成矿环境较稳定，从早阶段到晚阶段，流体密度由小到大。

成矿压力范围为15～97bar，从早阶段到晚阶段，成矿压力有减小的趋势。

4）成矿流体温度场空间分布特征及找矿指示

表4-19，图4-12、图4-13是根据均一温度测量结果，结合采样标高，构建的一组反映成矿流体温度空间变化特征的图、表。由表4-19和图4-12可见，东湾矿区M1矿脉标高400m之上的矿化石英中成矿流体均一温度普遍较高，属于中高温流体特征；标高100～200m，成矿流体温度以中低温为主，高温流体包裹体数量明显减少，中低温流体包裹体数量显著增加；标高0m以下，成矿流体温度再次回升，但仍然以中低温流体为主。由此可见，在垂向上，M1矿脉成矿流体温度经历了一个由高→低→逐渐升高的变化过程，这与通过黄铁矿中Co、Ni、As微量元素揭示的成矿流体温度变化规律一致。矿区成矿流体场的以上特征，从根本上解释了为什么化探原生晕分带中（表4-4、表4-5）热液矿床尾部晕元素Bi、Mo、Sn、Cr、W、Ni等出现在头部晕元素As之前；黄铁矿中Co、Ni为何从浅部向深部逐渐降低，然后又逐渐升高（图4-6、图4-7），而As与之相反（图4-5、图4-8）。

表4-19　不同标高样品成矿流体均一温度变化特征

标高（m） 观测对象	高温均一温度平均值（℃）	测试个数（个）	中温均一温度平均值（℃）	测试个数（个）	低温均一温度平均值（℃）	测试个数（个）
500 地表 矿化石英	338	30	256	57	165	16
400 矿化石英	363	8	265	16	160	3
200 矿石石英		0	232	5	191	31
0 矿石石英	337	25	240	55	178	17
合计		63		133		67

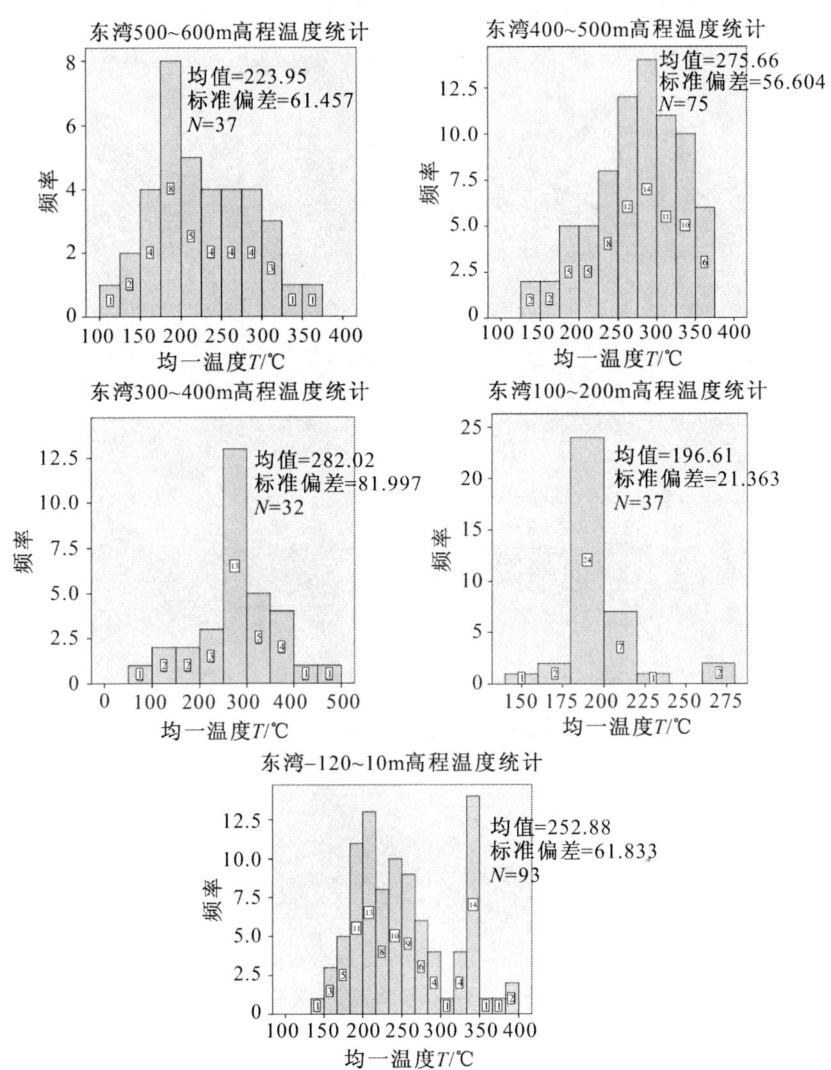

图 4-12　东湾矿区不同标高成矿流体均一温度分布直方图

图 4-13 是根据测试样品的均一温度，结合样品的采集位置做出的成矿流体均一温度等值线图，图上钻孔见矿部位标有品位数据，用

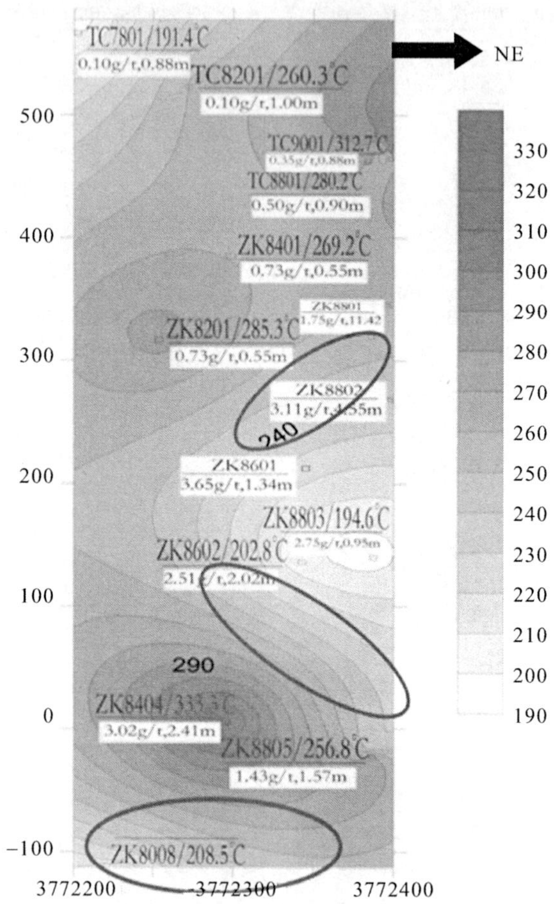

图 4-13　东湾矿区成矿流体均一温度与金矿化富集关系图

（图中椭圆部位为矿化富集地段）

于反映矿化贫化富集状况。由图可见：①均一温度等值线图更为直观地反映了上述表 4-21 和图 4-12 所揭示的成矿流体场空间变化分布特征，即矿区流体场自浅部至深部经历了一个由高→低→逐渐升高的变化过程。②垂向上，上部高温流体场向南西侧伏明显。温度场沿轴向方向温度变化不明显，垂直轴向方向温度梯降明显。导致沿上部流体场轴向方向金矿化较贫，高温流体场两侧温度梯降明显部位，金矿化相对富集。③高程 300～0m 之间的中低温流体场形态呈喇叭状，喇叭口朝向北东方向。已有钻孔工程揭露显示，该中低温流体场部位金矿化相对富集。因此，该中低温温度场的北东方向进一步找矿的潜力应当比南西方向好。④由于工程控制程度不足，高程 0m 以下的温度场展布方向不明确。已有的流体场测温数据显示，0m 以下流体场温度逐渐回升，但仍然以中低温场为主，目前最深工程 ZK8008 (－60m)附近的流体场温度为 210℃左右。由此推测，深部仍应有较好的找矿潜力。

5）成矿流体温度场研究小结

成矿流体温度自浅部至深部有一个由高（高程＋300m 以上）→低（高程＋300～＋100m 之间）→逐渐升高（高程＋100～－100m 之间）的变化过程；高程＋300m 以上高温流体场金矿化明显较弱，＋300～＋100m 之间低温流体场金矿化明显富集，尤其是高低温流体场转换部位金矿化富集，＋100～－100m 之间成矿流体温度场处于一个由低温到高温逐渐增高的转换过程中，仍然以中低温流体场为主，因此，对金成矿有利，矿体向深部仍然会有较好延伸。同时，成矿流体场的上述变化特征从根本上解释了为何化探原生晕分带中热液矿床尾部晕元素 Bi、Mo、Sn、Cr、W、Ni 等出现在头部晕元素 As 之前；黄铁矿成分中 Co、Ni 元素含量为何由大→小→逐渐变大，而 As 元素含量为何由小→大→逐渐变小等现象。成矿流体温度场、化探原生晕分带及黄铁矿标型研究结论相互验证，有利地表明东湾矿区深部仍应有较好的找矿潜力。

矿区找矿前景分析总结：通过控矿断裂构造成矿条件分析、化探原生晕、黄铁矿标型及成矿流体温度场找矿信息的综合研究，来自上述不同方面的研究认识及找矿信息一致指示东湾矿区 M1 断裂构造深部找矿潜力较大，找矿前景看好。通过区域金矿床当前找矿深度的综合对比，认为在现有最深见矿深度的基础上（高程－100m），东湾矿区 M1 向深部的找矿空间至少应有 300m（高程－400m）。

通过以上的研究，可见东湾矿区 M1 断裂构造深部找矿潜力较

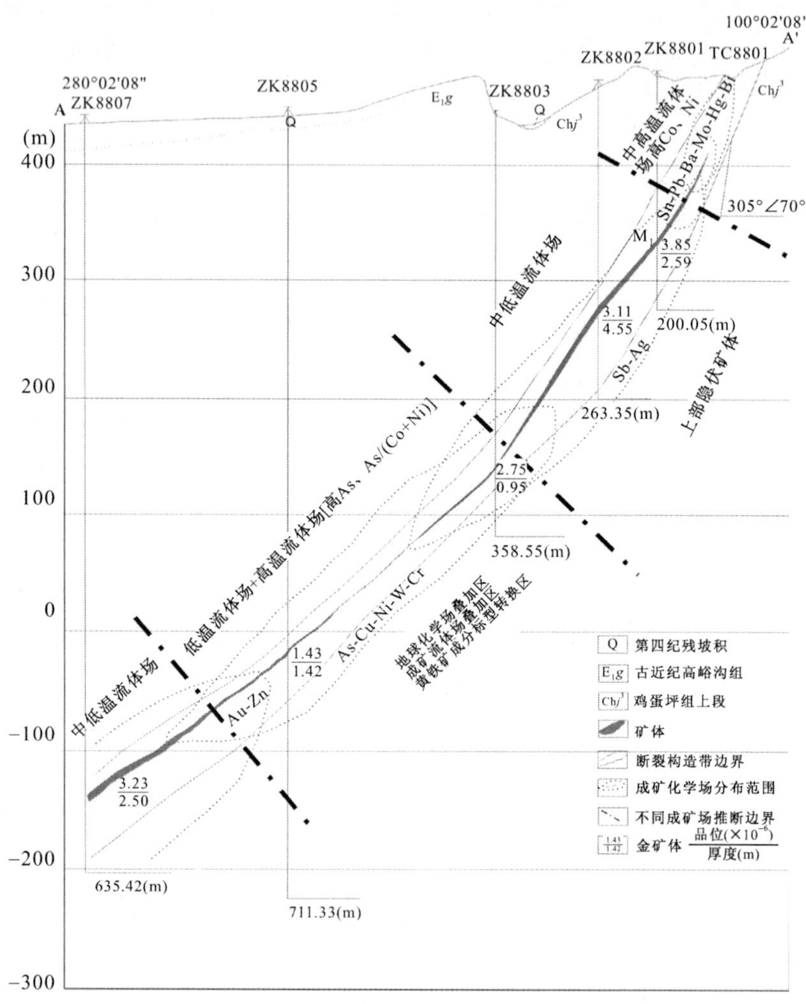

图 4-14　东湾矿区综合找矿信息模式图

（以 88 勘探线剖面图为底图）

大。现在的问题是：矿体可能赋存在什么部位？工程布置在哪里见矿概率最大？此外，本章开始“矿区找矿面临的主要问题”中还提到：向深部，矿化会贫化还是富集？M1 板状体的矿化连续性如何？这些问题需要从成矿规律研究中得到启示。

4.3　成矿规律研究

4.3.1　断裂构造控矿规律

表 4-20 是本次研究收集到的本区主要断裂构造蚀变岩型金矿矿化特征汇总表。由表可见，本区断裂构造控矿有如下一些特点：

1）断裂构造含矿率

断裂构造含矿率是指赋矿断裂构造带内部赋存的全部矿体走向延长之和与矿区内赋矿断裂带的走向延长之比，用于反映断裂构造的含矿性。此外，同一条断裂带内部，主矿体上、下盘附近的小矿体长度也应计算在内，用于反映断裂构造的真实含矿性。据此，根据表 4-20 数据，可求得本区几个主要金矿床断裂构造含矿率及其主要矿化特征如表 4-21 所示。

由表可见，各主要金矿区/段赋矿断裂构造含矿率有如下特征：

其一，本区赋矿断裂含矿率总体较高，70%矿区/段断裂构造含矿率大于 70%，最高可达 96.9%，反映出本区赋矿断裂构造的含矿性普遍较好。

其二，庙岭矿区主要赋矿断裂构造 F8 含矿率明显高于矿区另一条次要赋矿断裂构造 F22。但庙岭矿区两条赋矿断裂构造含矿率远均低于本区赋矿断裂构造的含矿率。据矿山地质技术人员介绍，F8 赋矿断裂矿区北部控制程度不够，此外，其内部主矿体上、下盘附近有小规模矿体存在，因此，其实际含矿率应大于表中的数据。F22 赋矿断裂构造目前工程控制程度不高，其实际含矿率也应比表中反映的数值高。

其三，与其他矿区/段赋矿断裂构造相比，东湾矿区当前勘查矿段断裂构造含矿率明显偏低，原因在于该段当前控制的内蕴经济资源量（332）仅集中在矿区 80～90 线之间，其他部位工程控制程度有限，尚属推断的内蕴经济资源量（333），故此未参加含矿率计算。

表 4-20 区域断裂破碎带蚀变岩型金矿构造控矿特征一览表

矿区	赋矿断裂构造带编号	赋矿断裂构造带长度(m)	赋矿断裂带宽度(m)	赋矿断裂构造带产状倾向/倾角	侧伏向/侧伏角	矿体编号	矿体产状倾向/倾角	矿体走向延长(m)/平均长(m)	断裂构造含矿率(%)	矿体赋存标高(m)/延深长度(m)	矿体垂深/延长
庙岭金矿区	F8 含金断裂蚀变带	全长大于4 500，矿区内2 000	7～42，局部宽达110	260°～280°/30°～65°	302°/27°～32°	F8Ⅰ1号矿体	250°～295°/22°～45°	630/630	31.5	252～707/455	0.72
						F8Ⅰ2号矿体	262°～312°/33°～60°	80～540/320	15.5	270～721/451	1.45
	F22 含金断裂蚀变带	北段:约1 230	1.90～60.00	270°/43°～77°	北西/27°～32°	F22Ⅰ1号矿体	264°～295°/48°～71°	315～524/420	34	58～569/511	1.2
		中段:1 460局部分支复合	1.30～40.00	270°,局部反转/40°～88°	同上	F22Ⅰ3号矿体	460m 以上77°～95°/70°～88°；460m 以下256°～283°/57°～63°	204～340/272	18.6	228～604/376	1.38

续表 4-20

矿体编号	矿体倾斜延深(m)/平均深(m)	矿体斜深/延长	矿体侧伏向/侧伏角	矿体厚度(m)	厚度变化系数(%)	平均品位($\times10^{-6}$)	品位变化系数(%)	深部是否封闭	厚度与品位关系	矿体空间变化趋势	资料来源
F8Ⅰ1号矿体	290～750/520	0.83	北西/50°	0.44～23.46，平均1.92	95%	3.07	143	否	略具正变关系	矿体南段矿化连续性好，北段减弱，倾斜延伸品位变贫、厚度变薄的趋势明显；走向/倾向尖灭侧现、再现	地调一队
F8Ⅰ2号矿体	160～620/390	1.22	北西/42°	0.40～23.71，平均5.49	97	2.99	168	否	具正变关系	矿体南段矿化连续性好，北段减弱，倾斜延伸品位变贫、厚度震荡变薄；走向/倾向尖灭侧现、再现	地调一队
F22Ⅰ1号矿体	420～510/465	1.1		0.38～9.56，平均1.80	66	2.42	76	否	正变关系明显	矿体厚度、品位变化有北段厚/富、南段薄/贫，上下厚、中间略薄特点	地调一队
F22Ⅰ3号矿体	140～405/273	1		0.62～6.08，平均2.09	72	2.13	63	否	正变关系明显	矿体厚度、品位变化有南高北低、上高下低特点	地调一队

续表 4-20

矿区	赋矿断裂构造带编号	赋矿断裂构造带长度(m)	赋矿断裂带宽度(m)	赋矿断裂构造带产状倾向/倾角	侧伏向/侧伏角	矿体编号	矿体产状倾向/倾角	矿体走向延长(m)/平均长(m)	断裂构造含矿率(%)	矿体赋存标高(m)/延深长度(m)	矿体垂深/延长
庙岭金矿区	F22 含金断裂蚀变带	南段:大于2 350,局部	1.5~15,最宽达 25	270°,局部反转/68°~88°	北西/27°~32°	F22Ⅱ2号矿体	260°~300°/42°~83°	150~380/265	11.3	100~620/520	1.96
东湾金矿区	F1 含金断裂蚀变带	南矿段:1 000	20~30,最宽 150	270°/40°~60°		M1-Ⅰ矿体	282°~295°/40°~60°	670/670	67	550~-20/570	0.85
						M1-Ⅱ矿体	290°/55°	60~80/70	7	80~430/350	5
		北矿段:1 500	几~30,最宽百余	西~北西/50°~75°		M1-Ⅲ金矿体	280°~290°/60 °	80/80	8	80~400/320	4

矿体编号	矿体倾斜延深(m)/平均深(m)	矿体斜深/延长	矿体侧伏向/侧伏角	矿体厚度(m)	厚度变化系数(%)	平均品位($\times10^{-6}$)	品位变化系数(%)	深部是否封闭	厚度与品位关系	矿体空间变化趋势	资料来源
F22Ⅱ2号矿体	>559	2.11	北西/	0.72~13.5 8,平均 2.53	93	0.30~9.81,平均 2.88	80	否	正变关系	矿体厚度变化有上部厚、下部薄特点;从地表向下,品位呈低→高→低→高变化	地调一队

续表 4-20

矿体编号	矿体倾斜延深(m)/平均深(m)	矿体斜深/延长	矿体侧伏向/侧伏角	矿体厚度(m)	厚度变化系数(%)	平均品位($\times10^{-6}$)	品位变化系数(%)	深部是否封闭	厚度与品位关系	矿体空间变化趋势	资料来源
M1-Ⅰ矿体	140～760/450	0.67	北西/	0.74～20.0 9,平均5.09	66	1.01～36.45,平均 3.9	77	否	正变关系	矿体倾角变陡时,厚度大,当矿体倾角变缓时,矿体变薄;平面上,沿走向矿体中部厚度大,向两端变薄;剖面上,沿倾向矿体有由厚→薄→厚的变化规律;向深部品位有逐渐降低之趋势	地质二队
M1-Ⅱ矿体	420/420	6		平均厚度1.29		1～2之间,平均位品 1.94		否			地质二队
M1-Ⅲ金矿体	505/505	6.3		平均厚度2.70	36	2～4之间,平均品位 3.3	110		略显正变	矿体厚度中部厚,上下薄;品位由上之下由贫→富震荡变化	地质二队

续表 4-20

矿区	赋矿断裂构造带编号	赋矿断裂构造带长度(m)	赋矿断裂带宽度(m)	赋矿断裂构造带产状倾向/倾角	侧伏向/侧伏角	矿体编号	矿体产状倾向/倾角	矿体走向延长(m)/平均长(m)	断裂构造含矿率(%)	矿体赋存标高(m)/延深长度(m)	矿体垂深/延长
店房金矿区	F1 含金构造蚀变带	大于 1 260	5～50	169°/57°～85°		F1-Ⅰ	157°/59°	300/300	24	849～515/334	1.1
						F1-Ⅱ	158°/?	231/231	18.3	849～554/295	1.27
						F1-Ⅲ	155°/?	140/140	11.1	834～496/338	2.41
						F1-Ⅳ	149°/?	83/83	6.6	814～547/267	3.21
						F1-Ⅴ	142°/?	163/163	12.9	805～503/302	1.85
下嵩坪矿区	K1	265	1～2	东/42°～50°		K1	86°～105°/42°～48°	250/250	94.3	528～640/112	0.45
	K2	620	1.2～4	105°/40°～80°		K2	92°～145 °/42°～75°	500/500	80.6	520～748/228	0.46
矿体编号	矿体倾斜延深(m)/平均深(m)	矿体斜深/延长	矿体侧伏向/侧伏角	矿体厚度(m)	厚度变化系数(%)	平均品位($\times10^{-6}$)	品位变化系数(%)	深部是否封闭	厚度与品位关系	矿体空间变化趋势	资料来源
F1-Ⅰ	370/370	1.23		0.39～19.38，平均 1.88	156	4.30	86	否	不明	自上至下，矿体品位、厚度变化不大	地调一队

续表 4-20

矿体编号	矿体倾斜延深(m)/平均深(m)	矿体斜深/延长	矿体侧伏向/侧伏角	矿体厚度(m)	厚度变化系数(%)	平均品位($\times10^{-6}$)	品位变化系数(%)	深部是否封闭	厚度与品位关系	矿体空间变化趋势	资料来源
F1-Ⅱ	313/313	1.35		0.34～6.02，平均1.74	78	4.45	74	否	不明	矿体厚度变化稳定	地调一队
F1-Ⅲ	220～375/297.5	2.13		0.5～4.15，平均1.56	65	3.94	68	否	不明	矿体厚度较稳定	地调一队
F1-Ⅳ	360/360	4.34		0.54～6.64，平均1.61	89%	3.61	66	否	不明	沿倾斜方向厚度明显变薄，趋于尖灭	地调一队
F1-Ⅴ	375/375	2.3		0.48～8.93，平均1.99	115%	4.74	65	否	不明	矿体沿倾斜方向厚度、品位变化不明显	地调一队
K1	135/135	0.54		0.50～1.00,平均厚度0.80	不大	2.92	64	否	不明	厚度、品位稳定	地调一队
K2	210/210	0.42		0.60～3.20,平均厚度1.19	不大	5.44	74	否	不明	厚度、品位稳定	地调一队

续表 4 - 20

矿区	赋矿断裂构造带编号	赋矿断裂构造带长度(m)	赋矿断裂带宽度(m)	赋矿断裂构造带产状倾向/倾角	侧伏向/侧伏角	矿体编号	矿体产状倾向/倾角	矿体走向延长(m)/平均长(m)	断裂构造含矿率(%)	矿体赋存标高(m)/延深长度(m)	矿体垂深/延长
下嵩坪矿区	K3	330	2～5	55°/46°～60°		K3	52°～60°/51°～55°	315/315	95.4	665～788/123	0.39
	K9	490	1.6～12	15°/39°～80°		K9	2°～37°/61～78°	475/475	96.9	475～725/250	0.53
前河	F4/Ⅳ矿带	3 800	10～52	北/65°	南西/西	ⅣN1	5/64	473	12.4		
						ⅣN2	3/68	445	11.7		
						ⅣN2-1	3/74	191	5		
						ⅣS1	5/65	497	13.1		
						ⅣS1	3/65	325	8.5		
						Ⅳ3	355/65	1200	31.6		
矿体编号	矿体倾斜延深(m)/平均深(m)	矿体斜深/延长	矿体侧伏向/侧伏角	矿体厚度(m)	厚度变化系数	平均品位(×10^{-6})	品位变化系数(%)	深部是否封闭	厚度与品位关系	矿体空间变化趋势	资料来源
K3	90/90	0.29		1.00～4.20，平均厚度1.58	不大	3.51	83	否	不明	厚度、品位稳定	地调一队

续表 4 - 20

矿体编号	矿体倾斜延深(m)/平均深(m)	矿体斜深/延长	矿体侧伏向/侧伏角	矿体厚度(m)	厚度变化系数	平均品位($\times10^{-6}$)	品位变化系数(%)	深部是否封闭	厚度与品位关系	矿体空间变化趋势	资料来源
K9	215/215	0.45		1.48～9.50m，平均 2.89m		3.08	83	否	不明	厚度、品位稳定	地调一队
ⅣN1	41～123/83.6	0.18	南西-西	2.31							巴安民等，2006
ⅣN2	48～358/247	0.55		3.26							巴安民等，2006
ⅣN2 - 1	136～180/161	0.84		2.2							巴安民等，2006
ⅣS1	82～242/152.6	0.31		2.08							巴安民等，2006
ⅣS1	110～282/169	0.52		2.91							巴安民等，2006
Ⅳ3	44～276/111	0.09		1.14							巴安民等，2006

表 4－21　研究区典型金矿床断裂构造含矿率及其主要矿化特征

矿区	赋矿断裂构造带编号	矿体编号	矿区赋矿断裂构造带长度（m）	断裂构造含矿率（%）	矿体垂深/延长	矿体斜深/延长	厚度变化系数（%）	品位变化系数（%）
庙岭矿区	F8 含金断裂蚀变带	Ⅰ1、Ⅰ2	2 000	47	0.72～1.45	0.83～1.22	95～97	143～168
	F22 含金断裂蚀变带	Ⅰ1、Ⅰ2、Ⅰ3	5 040	19	1.22～1.96	1～2.11	66～93	63～80
东湾矿区九仗沟矿段	F1 含金断裂蚀变带	M1－Ⅰ、M1－Ⅱ	1 000	74	0.85～5	0.67～6	66	77
东湾矿区当前勘查矿段	F1 含金断裂蚀变带	M1－Ⅲ	1 500	8	4	6.3	36	110
店房矿区	F1 含金断裂蚀变带	Ⅰ、Ⅱ、Ⅲ、Ⅳ、Ⅴ	1 260	72.9	1.1～3.21	1.23～4.34	65～156	65～86
下嵩坪矿区	K1	K1	265	94.3	0.45	0.54	不大	64
	K2	K2	620	80.6	0.46	0.42	不大	74
	K3	K3	330	95.4	0.39	0.29	不大	83
	K9	K9	490	96.9	0.53	0.45		83
前河矿区	F4 含金断裂蚀变带	ⅣN1、ⅣN2、ⅣN2－1、ⅣS1、ⅣS1、Ⅳ3	3 800	82.3		0.09～0.84		

表中数据来源：见表 4－20。

其四，东湾矿区当前勘查矿段断裂构造含矿率远低于本区典型矿区/段各主要赋矿断裂构造带的含矿率，表明东湾矿区目前勘查地段赋矿断裂找矿潜力很大。根据本区主要矿区/段赋矿断裂含矿率大于70％，及相邻的九仗沟矿段赋矿断裂含矿率为74％推断，当前勘查地段赋矿断裂的含矿率应不小于70％，因此，在东湾矿区目前勘查的1 500m赋矿断裂带内部可能找到的工业矿体累加长度应有1 050m，因此，东湾矿区向两侧找矿的潜力很大。

2）断裂构造对矿化富集的控制

矿化富集表现为矿体增厚或矿石品位升高两个方面。表4－21中汇总了本区几个主要断裂构造蚀变岩型金矿床的矿体厚度变化系数和品位变化系数数据。由表4－21可见，厚度变化系数分布在36％～156％之间，其中，88％矿区/段的厚度变化系数小于100％，只有极少数大于100％，属于厚度稳定—较稳定型。品位变化系数分布在63％～168％之间，其中，75％矿区/段的品位变化系数小于100％，约25％的品位变化系数大于100％，属于品位均匀—较均匀型。由此可以推断，包括东湾矿区在内的本区断裂构造蚀变岩型金矿空间上矿化分布较稳定、均匀。

尽管本区金矿床矿体厚度、品位分布总体上较稳定、均匀，但是在断裂构造分支复合部位、断裂构造产状变化部位会导致矿体增厚或品位升高，如图4－15、图4－16、图4－17和图4－18所示。

图4－17和图4－18分别是东湾矿区0勘探线和88勘探线剖面，两个剖面均揭示断裂构造产状由缓变陡部位矿体厚度加大。但是，这一断裂构造控矿富集规律与区域上金矿床矿体主要在断裂构造产状缓倾部位加大变厚认识不符。其可信程度有待更多工程的检验。尽管如此，断裂构造产状变化可以引起矿体厚度变化这一基本事实没有改变。

4.3.2　矿体空间定位规律

矿体空间定位规律是指导成矿预测简洁、实用的有效依据。在现有资料的基础上，本书对本区断裂构造蚀变岩型金矿矿体空间定位规律总结如下：

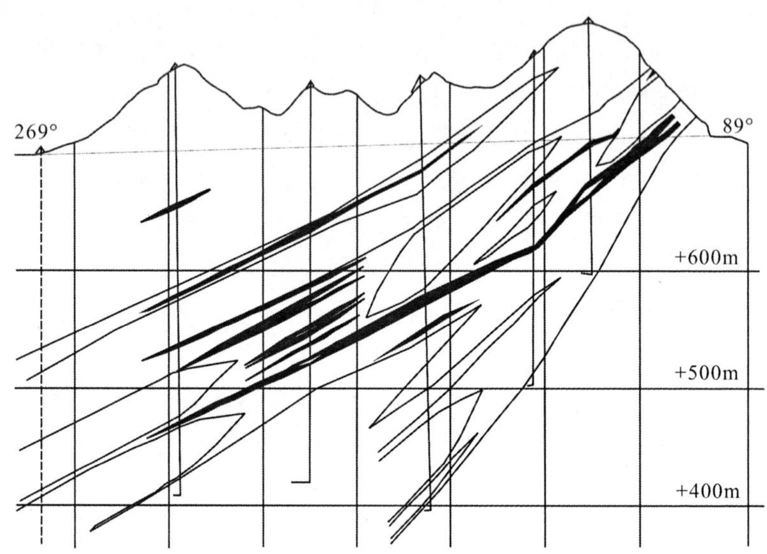

图 4-15　庙岭金矿 F8 矿脉 0 勘探线断裂分支复合部位矿体厚度变大
（据河南省地矿局地调一队资料修编）

1）区域上受断裂构造控制，矿田/矿床似等距分布；矿田/矿区尺度赋矿断裂构造内部矿（化）体首尾相接，无矿间隔小

图 4-19 是本区断裂构造蚀变岩型金矿床（点）产出分布与断裂构造关系图，由图可见，受断裂构造似等距性产出分布的制约，本区构造蚀变岩型金矿田/矿床（点）也具有似等距性分布的特点。

图 4-20 是东湾矿区九仗沟-阴坡一带 F1 断裂构造带内部目前揭露的矿（化）体平面分布示意图，由图可见，断裂带内部矿（化）体一方面也具有似等距性分布的特征；另一方面首尾相连，无矿间隔很小，与本区主要矿区/段赋矿断裂含矿率大于 70％的特征相符。

综上，本书认为，本区断裂构造蚀变岩型金矿床、矿床内部的金矿体在平面分布上具有分形分布的特点，即矿床、矿体在不同尺度的空间分布上具有自相似性，表现为似等距性分布规律；主要赋矿断裂构造内部矿（化）体首尾相连，无矿间隔小。这一规律应当成为本区

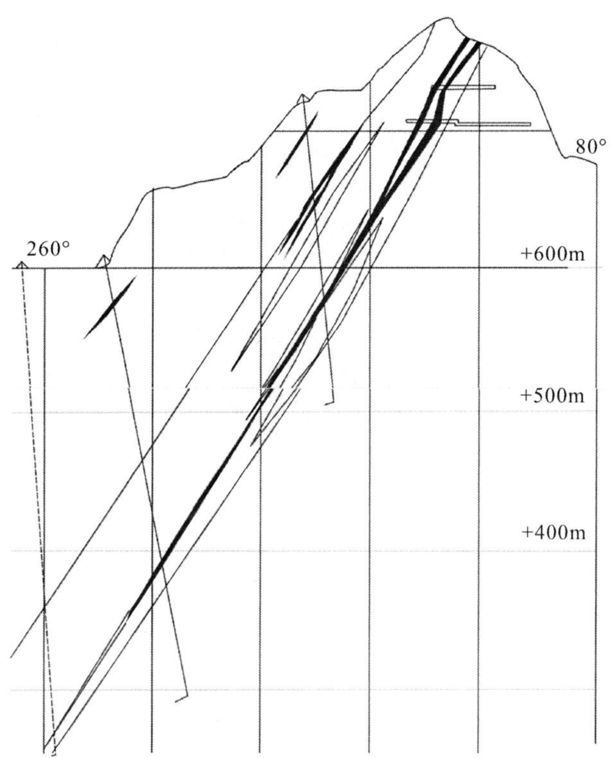

图 4－16 庙岭金矿 F22 矿脉 29 勘探线断裂分支复合部位矿体厚度变大
（据河南省地矿局地调一队资料修编）

成矿预测遵循的原则之一。

2）剖面上矿体侧列式分布

由图 4－21 和图 4－22 可见，在垂直纵投影剖面上，本区金矿床矿体空间产出上呈现侧列式产出分布特征，两个矿体之间的间距不等。但根据本区主要赋矿断裂带含矿率通常较高的特点，可以推断无矿间距不会太大。根据当前钻孔揭露矿化及地表构造蚀变情况，东湾矿区目前勘查矿段已经在 20～28 线之间、64～72 线之间和 80～90 线之间（图 4－22）有 3 处矿（化）体存在。显然根据三处矿化体长度计算出的赋矿断裂含矿率远低于本区主要矿区赋矿断裂带含矿率，

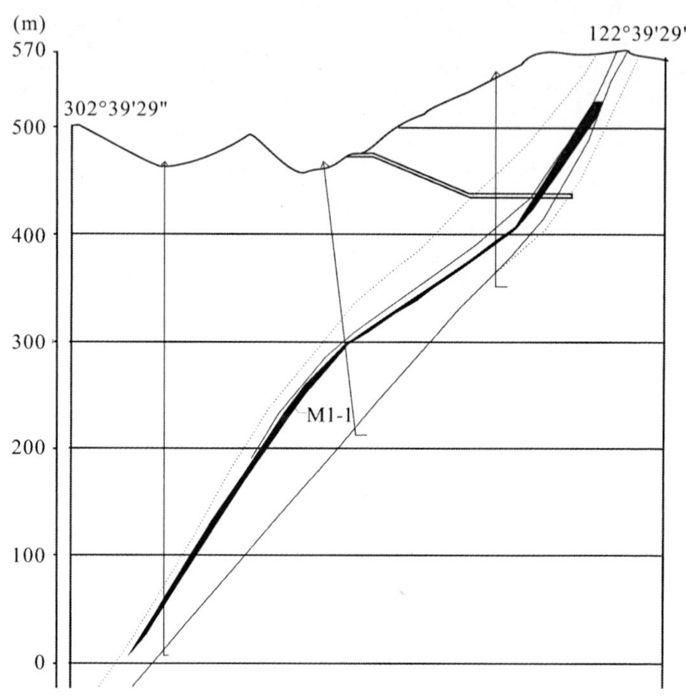

图 4－17　东湾矿区 0 勘探线断裂产状由缓变陡部位矿体厚度变大

（据河南省地矿局地质二队资料修编）

矿体间隔较大，均表明目前已发现矿化体向两侧还应有一个矿（化）体出现。

3）垂向上矿体厚薄交替式产出

图 4－23、图 4－24、图 4－25 和图 4－26 是本次研究过程中根据收集到的各矿床/段原始数据，经过二次开发处理，得到的本区几个金矿床/矿段矿体厚度空间变化特征图件。由图可见，尽管在断裂构造控矿规律中已经指出本区金矿床矿体厚度变化系数不大，属于稳定—较稳定型，但是，精细的矿体厚度变化研究仍然显示，本区金矿床矿体厚度变化还是十分明显的，并表现出厚、薄相间的规律性变化。如，庙岭矿区 F8 矿脉（图 4－23），自南向北，在垂直纵投影矿体厚

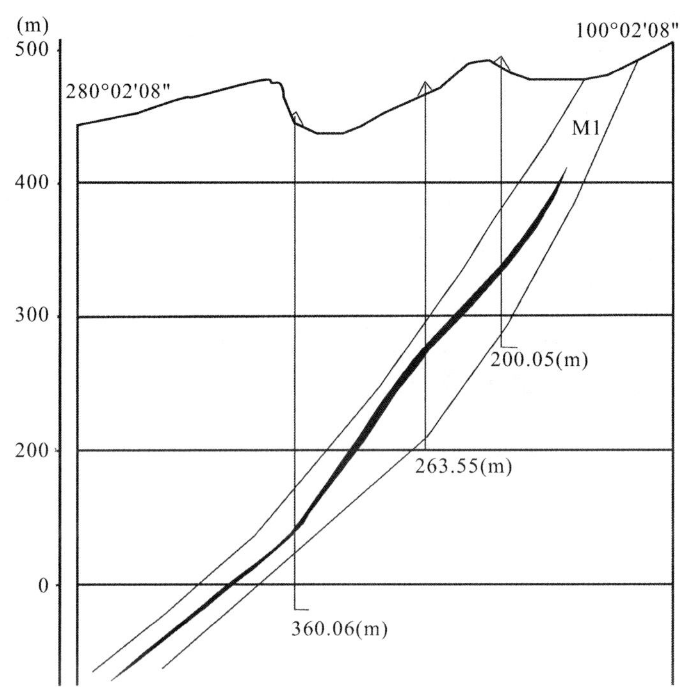

图 4－18 东湾矿区 88 勘探线断裂产状由缓变陡部位矿体厚度变大
（据河南省地矿局地质二队资料修编）

度等值线图上，呈侧列式有 3 个明显的厚度中心，与 F8 矿脉内部的 3 个矿体相对应（图 4－21），每个矿体自浅部向深部总体上有两个大的厚、薄相间或薄、厚相间变化过程。其中，南部矿体在高程 600m 以上厚度普遍较薄，高程 600～400m 之间，厚度明显增大，高程 400m 以下厚度再次变薄；中部矿体与南部矿体厚度变化节奏不一致，高程 600m 以上矿体厚度较厚，600m 以下普遍较薄；北部矿体延深不清，厚度变化趋势不明。图 4－24 和图 4－25 分别为前河金矿和东湾矿区九仗沟矿段主矿体厚度变化特征，二者有很大的相似性，表现为厚、薄相间的规律性变化，厚薄转换的大致范围在 40～80m 之间。图 4－26 是根据当前钻孔工程揭露情况所做的东湾矿区 80—90 线间矿体厚度等值线图，同样表现出厚、薄相间的震荡式变化特

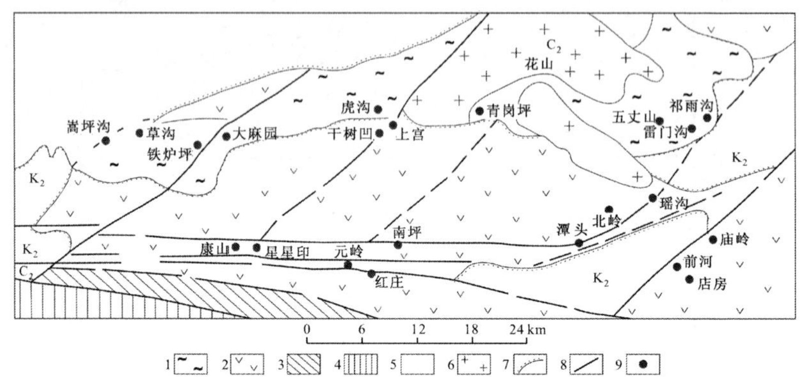

图 4-19 熊耳山地区金矿平面分布示意图

（据胡受奚等，1995，略有修改）

1. 太古界太华群；2. 中元古界熊耳群；3. 中元古界官道口群和晚元古界栾川群；4. 秦岭造山带；5. 中新生代盆地；6. 中生代花岗岩；7. 不整合界线；8. 马超营断裂带；9. 金（银、钼）矿床

征。由此推断，垂向上矿体厚薄交替式产出是本区金矿床矿体定位的普遍样式，可作为深部成矿预测遵循的基本原则之一。

4）矿体有明确的侧伏方向

仍以图 4-23～图 4-26 为例，每个图中都标有剖面方向。由图可见，本区金矿床矿体长轴延伸普遍具有明显的侧伏方向。如，庙岭金矿 F8 矿脉内部的矿体向北侧伏，前河金矿 F4 断裂带内部的矿体向西侧伏，东湾矿区九仗沟矿段的矿体向北东侧伏。根据目前工程揭露情况，东湾矿区 80—90 线间的矿体向南西侧伏。尽管矿体均存在侧伏现象，但是，不同矿区/段，甚至同一矿区/段内部的不同矿体其侧伏角变化较大。与断裂构造产状变化引起的矿化富集趋势一样，东湾矿区 80—90 线间目前显示的矿体侧伏方向与赋存在同一断裂带内部的其他矿区/矿段矿体侧伏方向相反，其原因尚有待查明。笔者认为有两种可能：其一，由于目前勘查程度不够，深部矿体的延伸趋势不明，被目前钻孔揭露情况所迷惑；其二，可能与盆地边缘 F4 断裂中新生代活动有关，改变了矿体的原始分布。总之，东湾矿区矿体的

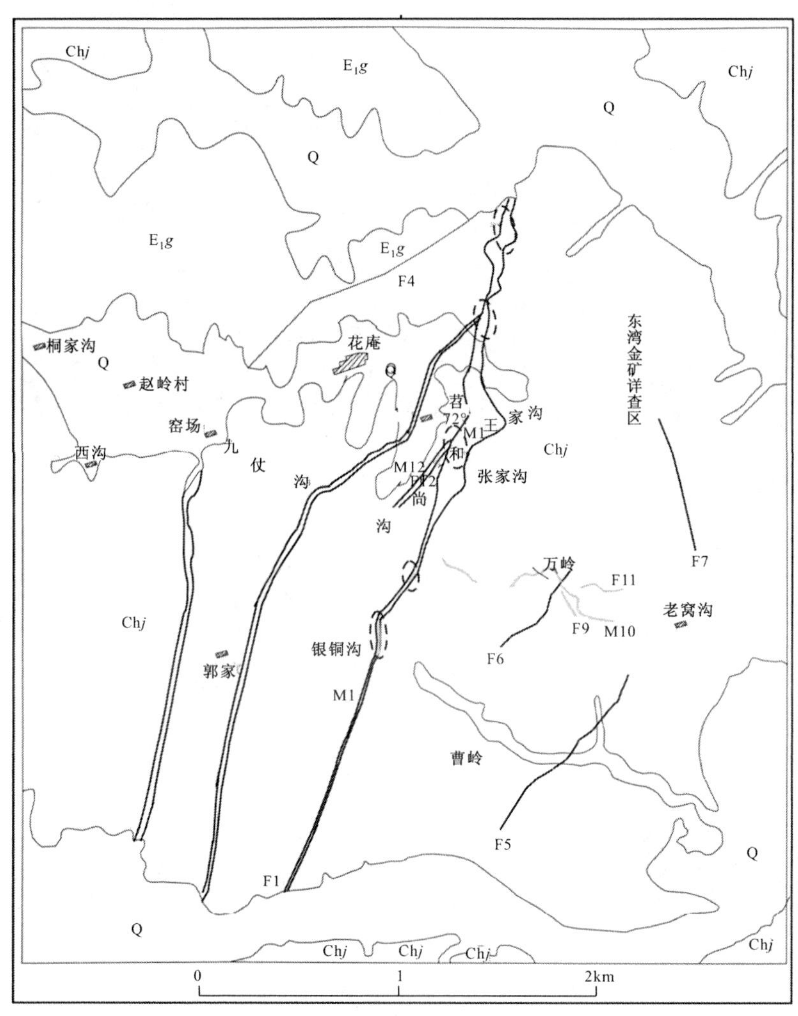

图4-20 东湾矿区九仗沟-阴坡地区F1断裂带矿体似等距性分布示意图

（图中虚线椭圆示意矿体大致位置，底图据河南省地矿局地质二队资料修编）

侧伏问题还有待工程的进一步揭露。

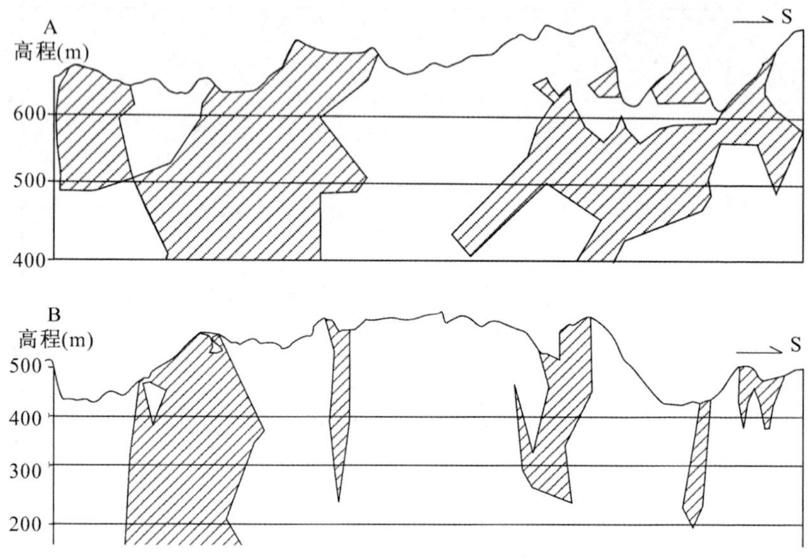

图 4-21　庙岭金矿 F8、F22 矿脉矿体垂直纵投影图
（上图为 F8 矿脉、下图为 F22 矿脉，图右侧指向：S；
据河南省地矿局地调一队资料修编）

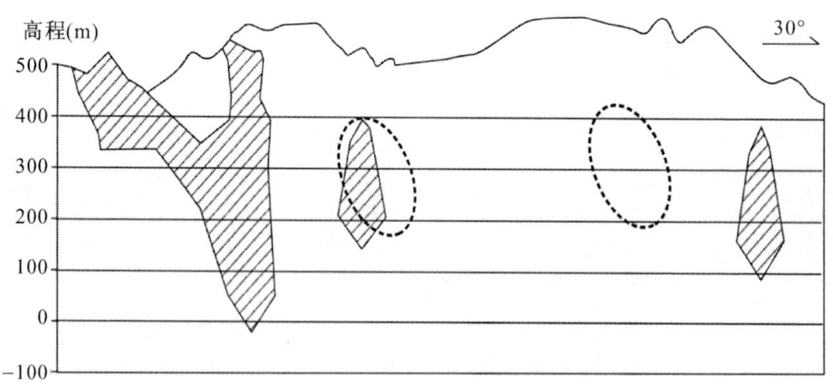

图 4-22　东湾矿区九仗沟-阴坡矿段资源/储量估算垂直纵投影图
（图中虚线为当前钻孔揭露的矿化体位置，据河南省地矿局地质二队资料修编）

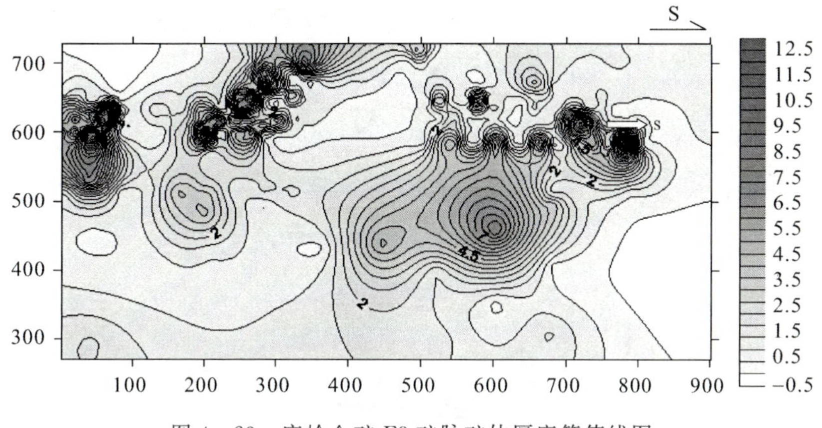

图 4－23　庙岭金矿 F8 矿脉矿体厚度等值线图

（厚度数据取自矿体垂直纵投影图中的穿脉工程）

4.3.3　成矿元素空间分布规律

由于多方面原因，研究过程中未能收集到本区主要金矿床品位数据及其空间分布资料，因此，不能从区域典型矿床研究角度总结本区金矿床成矿元素空间变化规律。但是，详细考察东湾矿区当前勘查地段主成矿元素 Au 的空间变化特征，笔者认为仍然能够为找矿工作提供一些重要的启示。

在矿体垂直纵投影图上，可见东湾矿区矿体赋存地段成矿元素 Au 在空间上具有如下分布规律。沿断裂带走向方向，Au 元素分布呈现高→低→高的变化趋势。在 20～28 线之间金矿化相对强，在 34～44 线之间金矿化相对弱，在 64～92 线之间金矿化相对最强。深部隐伏矿体存在的直接标志是其上部 200 余米断裂带内金矿化明显，一般大于 0.3×10^{-6}。如在 20～28 线隐伏矿体上部探槽及钻孔中金矿化在 0.2×10^{-6}～0.57×10^{-6} 之间；而在 34～44 线，探槽及钻孔中 Au 矿化一般在 0.1×10^{-6} 上下；在 64～92 线，虽然探槽中金矿化一般也在 0.1×10^{-6} 上下，但向下钻孔中金矿化显著升高，变化于 0.26×10^{-6}～0.95×10^{-6} 之间，且越向北东方向金矿化越显著。对应这两

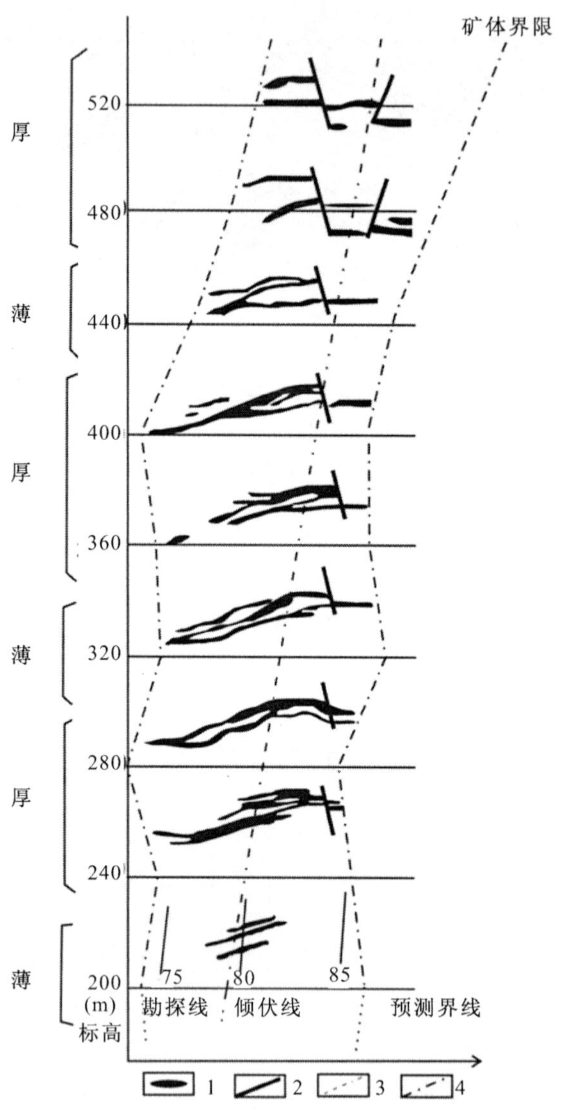

图 4-24 前河金矿 F4 赋矿断裂带萁沟矿段矿体联合中段平面图

（据毛付龙，2008 修编）

1. 矿体；2. 断层；3. 矿体侧伏线；4. 推断矿体边界

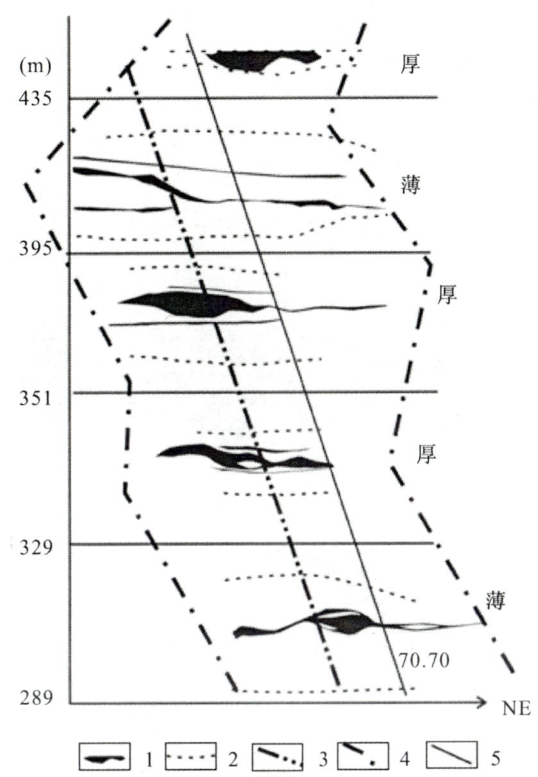

图 4－25　东湾矿区九仗沟矿段矿体联合中段平面图
（据河南省地矿局地质二队资料修编）
1. 矿体；2. 推断断裂带界线；3. 矿体侧伏线；4. 推断矿体边界；5. 基线

处金矿化明显部位，其下均有隐伏矿体存在。由此可见，上部金矿化强度是深部隐伏矿体存在的直接标志。

成矿规律研究小结：通过以上研究，可将本区金矿床成矿规律总结为：①赋矿断裂构造含矿性好，含矿率大于 70%。在 70%概率条件下，推断东湾矿区目前勘查矿段内矿体断续延长大约为 1 050m。②断裂带内部矿化相对稳定，但在断裂产状变化部位矿化有改变，本区金矿床多表现出随断裂面产状变缓厚度加大的趋势，但从目前勘查

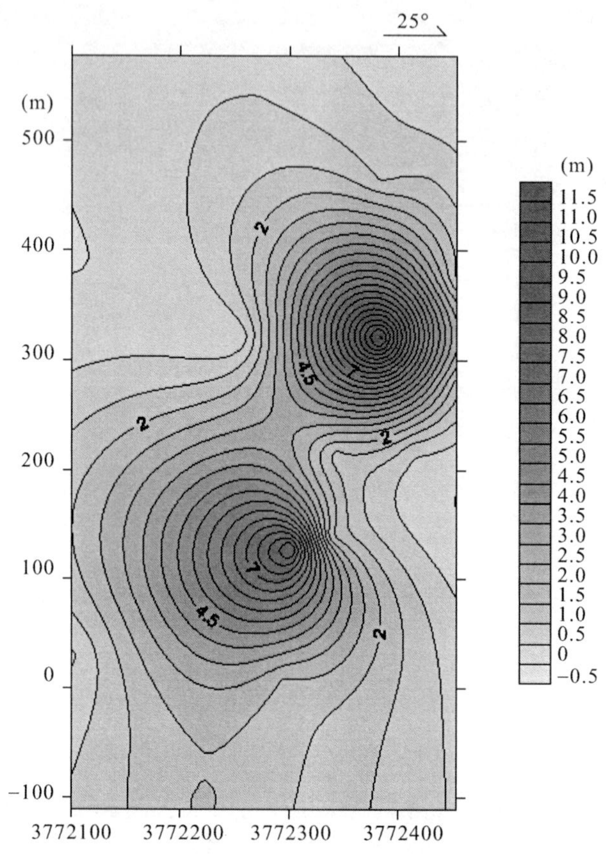

图 4-26　东湾矿区目前 80—90 线 M1 矿脉矿体厚度等值线图

情况看，东湾矿区九仗沟矿段及目前勘查矿段均与此相反，其可靠程度有待进一步工程验证。③矿体在平面产出分布上具有似等距性特征；在剖面产出上具有侧列式分布特征；在垂向上矿体厚度具有厚、薄相间式产出特征，间距变化于 40～80m 之间；在纵向上具有明显的侧伏趋势，侧伏角变化较大。同时东湾矿区当前勘查地段侧伏方向与同一条赋矿断裂带内部其他矿区/段的矿体侧伏方向相反，原因有待查明。④深部隐伏矿体存在的直接标志是其上部 200 余米断裂带内金矿化明显，一般大于 0.3×10^{-6}。

通过以上断裂构造成矿条件、找矿信息、成矿规律及找矿标志的综合分析，至此基本上对东湾矿区进一步找矿工作面临的几个关键问题（见本章开始部分矿区找矿面临的主要问题）进行了回答。其一，在本区典型矿床找矿进展的基础上，认为东湾矿区矿体垂向延伸可达800m，找矿下限标高可达－400m，因此，东湾矿区进一步找矿空间较大；其二，空间上金矿化虽有变化，但总体上品位变化系数属于均匀—较均匀型，厚度变化属于稳定—较稳定型，这些矿化特点可以成为矿体深部预测的重要参考依据；其三，赋矿断裂含矿率高，矿化连续性好，也为深部矿体成矿预测提供了重要的参考依据。

4.4　成矿预测

4.4.1　预测准则

根据以上研究，将开展本矿区成矿预测遵循的准则概括如下：

（1）断裂构造成矿有利部位。具体表现为：断裂构造分支复合、构造蚀变带宽度加大、构造面产状变化、构造岩蚀变强烈等部位。

（2）化探异常明显部位。具体表现为：平面上，化探异常浓度高、面积大、甲乙丙不同级别化探异常组合并与断裂带套合关系好；垂向上，符合热液矿床原生晕分带基本原理，化探原生晕分带指数反转，指示深部有隐伏矿体存在。

（3）黄铁矿标型指示成矿有利部位。具体表现为：五角十二面体黄铁矿发育，黄铁矿中 Co、Ni、As 微量元素的找矿指示意义与化探原生晕找矿指示意义相近的部位。

（4）流体温度场指示成矿有利部位。具体表现为：成矿流体温度场由高到低转换部位或由低向高转换部位，流体温度场找矿指示意义与化探原生晕、黄铁矿标型找矿指示意义相似的部位。

（5）预测矿体部位遵循本区矿体平面上似等距性分布、剖面上侧列式产出、垂向上厚薄相间、纵向上侧伏等矿体空间分布规律。

（6）勘查工程揭露显示金矿化明显，有进一步找矿潜力。

（7）根据本区金矿床当前找矿深度进展，将东湾 F1 赋矿断裂带目前找矿下限深度推断为标高－400m 以上。

4.4.2 靶区预测与评价

根据以上成矿预测准则，将预测靶区划分为 A、B、C 3 类。其中，A 级预测靶区应具备以上所有预测准则条件；B 级预测靶区应同时符合以上预测准则中的（1）、（2）、（6）3 项准则要求以及（3）、（4）、（5）3 项准则之一；C 级预测靶区应同时具备预测准则中的（1）、（2）两项要求。据此，将东湾矿区目前勘查地段成矿预测靶区圈定为：A 级预测靶区 1 处，B 级预测靶区 2 处，C 级预测靶区 2 处。现对各靶区预测依据阐述如下：

1）A 级预测靶区

A 级预测靶区有一处，平面上位于 64～92 线之间，剖面上相当于东湾矿区当前找矿最佳地段 80～90 线矿体的向下延深部分。目前靶区内投入的钻探工程较多，控制程度相对较高，是本次研究工作重点解剖的地段，因此，认识程度相对较高，圈定靶区的依据也相对充分，具体包括：

（1）成矿的有利构造部位。赋矿断裂北部与区域性北东向 F4 断裂交汇，南侧与矿区 F2 断裂交汇，赋矿断裂形迹呈不规则锯齿状，在 80～90 线之间断裂带宽度显著增大，断裂构造岩蚀变明显，硅化和黄铁化强烈。

（2）化探异常显著、套合关系好的部位。沿赋矿断裂带走向，土壤化探异常十分显著。其中，一处异常分布于 56～72 线之间，异常级别为乙级（编号 7－$乙_1$Au、Pb、Ag、Hg、Co），形态呈椭圆状，异常元素组合为 Au、Pb、Ag、Hg、Co，异常体与赋矿断裂带中心位置套合关系好；另一处异常分布于 84—100 线之间，包括 2 个乙级异常（编号：10－$乙_1$Au、Ag、Hg、Cu、Pb；11－$乙_1$Au、Hg、Cu、Pb）和 1 个丙级异常（9－$丙_1$Au、Hg、Cu、Pb）。异常体呈椭圆状，大致呈对称分布，中心异常体与赋矿断裂带空间位置套合关系好。其次，钻孔揭露显示，此部位矿体为隐伏矿体，埋深 200～300m，在此埋藏范围内，由地表向下，金矿化增强趋势明显。金品位由地表 0.1×10^{-6}→埋深 100 余米的普遍大于 0.5×10^{-6}→埋深 200 余米普遍大于 2×10^{-6}变化。再次，钻孔化探原生晕分带显示在标高 140～0m 范围内主要显示头部晕和近矿晕元素组合特征，尾部晕元素组合特征不明显，指示矿体向深部应有较好延伸状态。

（3）黄铁矿标型指示成矿有利部位。黄铁矿形态标型研究显示，标高＋140m 向下，黄铁矿形态标型表现出立方体数量逐渐减少、五角十二面体黄铁矿数据急剧增加的特征。其中，在 0～－60m 区间，五角十二面体黄铁矿最多。指示标高 0m 以下金矿化有增强的潜力；黄铁矿中微量元素 Co、Ni 和 As 成分标型研究显示，标高 150～0m 范围可能是一个成矿流体温度场叠加转换的地段，导致上部成矿热液尾部晕元素与下部成矿热液头部晕元素在一定范围内叠加，指示下部有隐伏矿体存在。

（4）成矿流体温度场指示成矿有利部位。成矿流体温度场研究显示，标高 0m 以下，成矿流体温度仍然以中低温流体为主，对 Au 沉淀成矿有利。同时，成矿流体温度场特征及变化规律与化探原生晕分带和黄铁矿成分标型指示的流体温度场特征及变化规律相符，相互验证，进一步提高了信息的可信度。

（5）符合本区断裂构造蚀变岩型金矿矿体空间产出分布的一般规律。如，与同构造带其他矿体构成侧列式分布、厚薄相间式产出及侧伏等。需要指出的是本书将预测靶区深部矿体的侧伏方向推测为北东方向，而非目前钻孔揭示的南西方向。理由如下：其一，同一条断裂带内部的其他矿区/矿段的矿体侧伏方向均呈北东向，因此，东湾矿区目前勘查地段矿体北东侧伏的可能性要大；其二，从隐伏矿体上部盖层 Au 矿化趋势来看，从 64 线越向北东方向 Au 矿化趋势越明显。如，从大致处于同一标高＋400～＋350m 的几个钻孔 Au 品位变化看，ZK7201：0.26×10^{-6}→ZK8001：0.58×10^{-6}→ZK8401：0.73×10^{-6}→ZK9201：0.95×10^{-6}，这一变化趋势十分明显，根据本矿区隐伏矿体存在的直接标志是 Au 的矿化强度，推断矿体应向北东方向侧伏；其三，目前工程控制程度有限，对整个矿体空间产出分布揭露不完整，因此，不排除随着工程控制程度的提高，矿体北东向侧伏的可能。

（6）根据当前找矿深度进展，将成矿预测靶区找矿下限深度推断至标高－400m。

在此需要进一步指出的是，根据当前钻孔工程揭露，在72—80线之间，浅部很可能存在一段达不到工业要求的次边际经济矿体，但向深部逐渐变好。

2）B级预测靶区

B1预测靶区：该预测靶区很可能是南部九仗沟矿区M1－1号矿体深部向北东方向的延伸部分，因此，靶区地表部分属于九仗沟矿区，深部标高＋100m之下逐渐进入当前勘查区，推断依据如下：

（1）从紧邻本区的九仗沟矿区0线已经施工的3个钻孔（ZK001，ZK002，ZK003）来看，矿体向深部有向北东侧伏的趋势，钻孔ZK003见矿位置已经落在当前勘查区以内，说明九仗沟矿区M1－1矿体深部（标高50m左右）已经进入目前勘查区范围。

（2）ZK003钻孔揭露到的矿体厚度达5.26m，品位为2.6×10^{-6}。20线、24线深部（标高＋100～0m区间）已施工的ZK2003品位/厚度为0.87×10^{-6}/0.27m，ZK2409钻孔尽管揭露的矿化体（1.34×10^{-6}/3.74m）与主矿体不属同一层位，但是赋存于同一条断裂带内部，说明深部Au矿化很明显，Au矿化明显是本区隐伏矿体找矿的直接标志，故此，推断ZK2003和ZK2409两个钻孔揭露的矿化位置附近很可能就有矿体存在。

（3）断裂构造土壤地球化学异常显示，九仗沟矿区和当前勘查区内各有一个显著的土壤地球化学异常或异常组合，两个土壤地球化学异常之间存在一处空白区。从地形上看，空白区的地形比周围异常区高。根据地表矿体/隐伏矿体赋存部位可以肯定地判断本矿区构造土壤地球化学异常是原地矿致异常，而非异地搬运异常，因此，如果有矿体存在，地形高的部位应当异常更明显。无异常表明要么无矿，要么矿化很弱，不能引起明显的异常。据此，本书认为九仗沟矿区M1

-1 矿体向北可能延伸程度有限，应结束在九仗沟矿区 1-甲$_1$ Au、Ag、Pb、Cu、Hg、As、Bi、Ni 土壤地球化学异常圈闭之前。

(4) 该预测矿体的存在符合本区断裂构造蚀变岩型金矿矿体在产出分布上似等距性、侧列式、侧伏等矿体空间展布规律。

B2 级预测靶区：平面上位于 20～36 线之间，垂直纵投影剖面上向北东侧伏，大致变化于 20～56 线之间，靶区预测的主要依据如下。

(1) 成矿的有利构造部位。地表调查显示，张家沟一带断裂构造带规模大，断裂带宽度平均在 30～50m，最宽可达百余米，构造岩指示断裂具有多期活动，硅化、钾化等蚀变发育。

(2) 化探异常显著、套合关系好的部位。构造土壤地球化学剖面测量结果显示，沿赋矿断裂构造在 20 线以南和 36 线以北存在一处显著的土壤地球化学组合异常。该异常组合由位于断裂带中心的 3-甲$_1$Au、Pb、Ag、Cu、Hg、Bi、As 异常和其两侧的 2-乙$_1$Au、Cu、Hg、Pb、Ag 和 4-乙$_1$Au、Pb、Cu、Ag、Bi、Hg 3 个带状异常构成，异常整体规模大于九仗沟矿区的 1-甲$_1$Au、Ag、Pb、Cu、Hg、As、Bi、Ni 异常，且与断裂构造空间套合关系好。

(3) 已有 ZK2001、ZK2002、ZK2407、ZK2804、ZK3606、ZK5204 6 个钻孔工程在不同深度揭露到有明显的 Au 矿化存在，品位在 1.58×10^{-6}～4.27×10^{-6}之间，平均 2.23×10^{-6}，厚度在 0.84～1.99m 之间，平均 1.53m。可见该段有进一步找矿潜力。

(4) 该预测矿体的存在符合本区断裂构造蚀变岩型金矿矿体在产出分布上似等距性、侧列式、侧伏等矿体空间展布规律。

3) C 级预测靶区

C1 预测靶区：位于矿区 F2 断裂构造中部弧形转弯地段。该部位断裂带走向由北东向向右偏转为北东东向。弧形转弯部位的两翼分别有两个构造土壤化探异常，编号分别为 2-1 丙$_1$Au、Ag、Cu、Pb、Co、Ni 和 2-2 乙$_1$Au、Ag、Pb、As、Sb、Bi，与断裂构造套合关系很好。虽有两个探槽（TC0204 和 TC0210）及一个钻孔控制（ZK2-0004），但没有发现工业矿体。考虑到本区 Au 矿体赋存地段与构造土壤化探异常的密切关系，本书认为此部位矿致异常的可能性较大，但由于两个异常的级别不高，规模不大，推测矿体可能埋藏较深，在有条件的情况下，可以考虑投入部分深部钻探工程。

C2 预测靶区：位于 F3 断裂构造的北部，向北与盆地边缘 F4 断裂相交，有矿化蚀变显示。沿断裂构造发育一处长条状土壤化探异常，编号 3-1 丙$_1$Au、Pb、Cu、Bi、Ag、Sb、Co。异常规模有限，分别施工过一个探槽（TC0311）及钻孔（ZK3-0004），但未见有工业价值 Au 矿体。原因与 C1 相同，在此不再赘述。

第5章

槐树坪矿区成矿研究与预测

5.1　矿床地质概述

5.1.1　矿区地质

1）地层

矿区区内出露的地层主要为熊耳群鸡蛋坪组（Ch*j*），岩性主要为安山岩、英安岩、流纹岩、火山角砾岩，局部夹凝灰岩。在矿区东南角局部分布有古近系高峪沟组（E_1g），岩性主要为紫红色砂质-粉砂质粘土岩。第四系（Q）分布于冲沟和局部山坡。

2）构造

矿区内构造以断裂为主，褶皱不发育，地层呈向北东倾斜的单斜产出。主要断裂有北东向、北西向和东西向等多组。其中北东向和北北西向较发育，是区内主要含矿断裂。另外，沿地层薄弱面发育一组层间滑动带，也是区内的含矿构造。

（1）北西向断裂构造。

北西向断裂构造是区内主要的含矿断裂，以 F29 断裂为主。

F29 断裂位于鸡公山，南端在西叉沟脑被第四系所覆盖，北端受 F14 构造带控制。构造带出露总长 1 000m，走向 330°～350°，倾向北东，倾角 75°～87°，带宽一般在 4～6m，局部可达 15m。带内可见大量角砾岩、擦痕、断层泥，显示出多期次构造活动之特征。带内岩性以构造角砾岩为主，蚀变主要为硅化、钾化、高岭土化、绿泥石化蚀变，金属矿化主要为褐铁矿化、黄铁矿化和钼矿化。

F30 断裂位于鸡公山，与 F29 断裂基本平行，北端受 F13 构造带所限，南端在西叉沟脑被第四系所覆盖。构造带出露长度 950m，走向 330°～350°，倾向北东，倾角 75°～87°，带宽一般在 2～6m，局部可达 30m。断裂面陡而平直，局部发育水平及竖直擦痕及镜面，断裂带内角砾岩、碎裂岩及碎粉岩较发育，蚀变主要为硅化、高岭土化，金属矿化主要为褐铁矿化。

（2）北东向断裂构造。

北东向断裂构造在区内最为发育，现依次叙述如下。

F3：区内南起东岔沟，北至杨坡村，区内出露长度 2 400 余米。断裂走向 10°～50°，倾向南东，倾角 40°～65°，断裂带宽 20～60m，带内岩性以构造角砾岩、蚀变碎裂岩为主，主要蚀变硅化、钾化、高岭土化；金属矿化主要为褐铁矿化、黄铁矿化。

F5：南起马蹄沟北侧，至牛头沟被覆盖，出露长度 600m，走向 45°左右，倾向北西，倾角 65°左右，南部较陡可达 85°，带宽 5～15m。带内岩性为构造碎裂岩，蚀变矿化较强，蚀变以硅化、钾化为主，金属矿化为褐铁矿化、黄铁矿化。

F7：位于老代庄一带，由 7 条近于平行的北东—北东东向断裂构造组成。该组断裂走向 60°～70°，倾向 140°～170°，倾角 70°～80°，出露长度 600m。单条断裂宽 0.4～1.0m。带内岩性以蚀变碎裂岩、构造角砾岩为主，高岭土化蚀变强烈，岩石风化破碎，金属矿化为褐铁矿化。

F9：位于鸡公山南部，区内出露长度 450m，走向 10°～20°，倾向北西，倾角 67°左右，带宽 30～45m。带内岩性为蚀变构造角砾岩，蚀变为硅化、钾化、高岭土化蚀变，金属矿化为褐铁矿化、黄铁矿化。

F10：位于焦沟村东南，F11 构造带北部，出露长度 850m，走向 40°～60°，倾向北西，倾角 50°～65°，带宽 8m 左右。带内岩性以构造角砾岩、蚀变碎裂岩为主，硅化蚀变强烈，金属矿化为褐铁矿化、黄铁矿化。

F13：位于鸡公山北部，是沿火山岩地层层面发育的一组断裂构造，走向北北东，倾向 100°～115°，倾角 28°～42°，单条构造长 100～200m，宽一般在 1～6m。带内岩性以蚀变碎裂岩和构造角砾岩为主，蚀变主要为硅化、钾化，金属矿化主要为褐铁矿化和黄铁矿化。

F14：位于鸡公山北部，向南至牛头沟被覆盖，向北延伸出区。该构造在区内出露长度 850m，走向北东，构造带倾向 120°～140°，倾角 48°～57°，北部和中部带宽一般在 70～90m，南部带宽一般在 20～40m。带内岩性以构造角砾岩为主，蚀变主要为硅化、钾化、高岭土化、绿泥石化蚀变，金属矿化主要为褐铁矿化。

（3）近东西向断裂构造。

F11：西起焦沟西岔沟，东至曹家凹村延伸出区，区内出露长度 1 800m，总体走向近东西，倾向北北西，倾角 75°～83°，带宽一般在 20～30m 之间，中部最宽处可达 100m。带内岩性以构造角砾岩、蚀变碎裂岩为主，蚀变主要为强硅化、钾化、高岭土化，金属矿化主要为褐铁矿化，呈蜂窝状或宽 1～3mm 的细脉状分布。

F12：位于上坡村北、老代庄村西，区内出露长度 670m，走向近东西，倾向北北东，倾角 50°～55°，带宽一般在 50～60m。带内岩性以蚀变构造角砾岩为主，蚀变主要为硅化、钾化，金属矿化主要为褐铁矿化，呈宽 1～2mm 的细脉状分布。

（4）缓倾斜构造。

F1：分布于马蹄沟两侧及鸡公山西侧，由多条近于平行的缓倾斜构造组成，单个构造厚度 1～10m 不等。马蹄沟两侧构造走向近东西，倾向南东，倾角 10°～20°；鸡公山西侧构造走向北西，倾向北东，倾角 16°～25°。蚀变构造带内岩性以蚀变岩为主，次为构造角砾岩，主要蚀变为硅化及钾化，次要蚀变为高岭土化、碳酸盐化、绿泥石化等，金属矿化主要为褐铁矿化、黄铁矿化、辉钼矿化等。

3）侵入岩

矿区北部与五丈山岩体毗邻，但未进入矿区。最新年代学研究结果表明，五丈山岩体的侵位年龄为 156±1.1Ma，角闪石 $^{40}Ar-^{39}Ar$ 坪年龄，156.8±3.1Ma，角闪石等时线年龄（Han Yigui *et al.*，2009）；156.8±1.2Ma，锆石 SHRIMP U－Pb，（Li Yongfeng，2005），比本区金矿床峰期成矿年龄（120Ma±）早约 30Ma。同时，五丈山岩体岩石地球化学特征（高 Ba、Sr）揭示其成岩构造背景为增厚岩石圈过程中下地壳熔融产物，也与本区金矿床主要形成于岩石圈伸展背景不符。因此，五丈山岩体对本区金矿床形成的作用可能不大。

4）变质岩

矿区鸡蛋坪组次火山岩、火山岩原岩结构保留较完好，岩石具斑状结构，斑晶矿物主要为长石（斜长石和钾长石）、石英和角闪石，基质为隐晶或雏晶结构。斑晶矿物长石表面广泛发育高岭土化，局部被绢云母和微细粒石英矿物集合体替代，角闪石退变质为绿泥石较为常见。火山岩内部的石泡构造、杏仁构造保留完整。总体上，矿区火山岩地层变质程度在低绿片岩相—绿片岩相之间。

5.1.2 矿化特征

1）矿脉特征

根据区内已有的普查评价成果，区内目前已发现了 M29、M1、M3、M5、M7、M13 等多条含矿蚀变构造带，现将各矿脉特征叙述如下：

（1）M29 矿脉特征。

M29 矿脉位于鸡公山，南端在西叉沟脑被第四系所覆盖，北端受 F14 构造带控制。该矿脉出露长度 1 000m，出露宽度 5m 左右，走向 330°～350°，倾向北东，倾角 75°～80°。矿脉内岩性以构造角砾岩为主，主要蚀变为硅化、钾化，次要蚀变为高岭土化、绿泥石化蚀变，金属矿化主要为黄铁矿化、褐铁矿化。

（2）M1 矿脉组特征。

M1 矿脉组分布于马蹄沟两侧及鸡冠山西侧，由近于平行的多条单矿脉组成，倾向南东，倾角 10°～25°，区内出露总长度 1 000 余米，单条蚀变构造带宽度 1～3m 不等。矿脉内岩性以蚀变构造角砾岩为主，局部充填有石英脉。蚀变构造带内主要蚀变为强硅化，次要蚀变为钾化、高岭土化等蚀变，金属矿化主要为褐铁矿化、黄铁矿化、辉钼矿化等。

（3）M3 矿脉特征。

M3 矿脉区内南起东岔沟，北至阳坡村，区内出露长度 2 400 余米，矿脉宽 40～60m，矿脉走向 10°～50°，倾向南东，倾角 40°～65°。矿脉具多期活动之特征，矿脉内次级裂隙发育，蚀变矿化较强，蚀变以硅化、钾化为主，其次为高岭土化，金属矿化以褐铁矿化、黄铁矿化为主。

（4）M5 矿脉特征。

M5 矿脉南起马蹄沟北侧，至牛头沟被覆盖，出露长度 600m，走向 45°左右，倾向北西，倾角 65°左右，南部较陡可达 85°，矿脉宽 5～15m。矿脉内岩性为构造碎裂岩，蚀变矿化较强，蚀变以硅化、钾化为主，金属矿化为褐铁矿化、黄铁矿化。

（5）M7 矿脉特征。

M7 矿脉位于老代庄一带，由多条近于平行的北东向矿脉组成。该组矿脉走向 60°～70°，倾向 140°～170°，倾角 70°～80°，出露长度 600m，矿脉宽 0.40～1.00m。矿脉内岩性以蚀变碎裂岩、构造角砾岩为主，高岭土化蚀变强烈，岩石风化破碎，亦可见碳酸盐化蚀变，金属矿化为褐铁矿化和黄铁矿化。

（6）M11 矿脉特征。

M11 矿脉西起焦沟西岔沟，东至曹家凹村延伸出区，区内出露长度 1 800m，脉宽 20～30m，中部最宽处可达 100m，总体走向近东西，倾向北北西，倾角 75°～83°。矿脉内岩性以构造角砾岩、蚀变碎裂岩为主，蚀变主要为强硅化、钾化、高岭土化，金属矿化主要为黄铁矿化和褐铁矿化，褐铁矿呈蜂窝状或宽 1～3mm 的细脉状分布，黄铁矿呈浸染状分布。

（7）M13 矿脉组特征。

M13 矿脉组位于鸡公山北部，是由多条与火山岩产状相同的矿脉组成。该组矿脉单条长 100～200m，宽 1～6m，倾向 100～140°，倾角 28°～42°。矿脉内岩性以蚀变碎裂岩和构造角砾岩为主，蚀变主要为硅化、钾化，金属矿化主要为褐铁矿化和黄铁矿化。

（8）M14 矿脉特征。

M14 矿脉位于鸡公山北部，向南到牛头沟，向北延伸出区。该矿脉在区内出露长度 850m，北部和中部脉宽 70～90m，南部脉宽 20～40m，走向北东，倾向 120°～140°，倾角 48°～57°。该矿脉内岩性以构造角砾岩为主，蚀变主要为硅化、钾化，其次为高岭土化，金属矿化主要为褐铁矿化。

2）矿体特征

通过多年各项工作的开展，区内相继发现了 M29 -Ⅰ、M1、M3 -Ⅰ

等金矿体，其深部也得到了不同程度的控制，各主要金矿体特征为：

（1）M29－Ⅰ金矿体。

M29－Ⅰ矿体赋存于M29矿脉中并受其控制，矿体形态简单，总体呈脉状产出，产状与M29矿脉基本一致，走向330°～350°，倾向北东，倾角75°～80°。

已控制金矿体位于04～27线之间，地表有CK2901工程控制、浅部有LD2901、LD2903、LD2905共4个工程控制，深部共有8条勘探线共15个钻孔ZK29－0001、ZK29－0005、ZK29－0009、ZK29－0301、ZK29－0302、ZK29－0701、ZK29－0709、ZK29－0401、ZK29－0405、ZK29－1104、ZK29－1509、ZK29－1513、ZK29－1905、ZK29－1909、ZK29－2702控制，勘探线间距80～160m，控制矿体长度640m，沿倾向控制深度80～640m；矿体最大厚度4.93m，最小厚度0.40m，平均厚度1.49m，金品位最高29.86×10^{-6}，最低1.34×10^{-6}，矿体平均品位4.64×10^{-6}，矿体沿倾向向深部局部具有厚度变大，品位增高之趋势。

在350m、400m、450m标高水平断面图中M29－Ⅰ矿体基本位于构造带中间部位，偶尔向构造顶底板有小幅度的摆动，矿体连续性较好（图5－1）。

（2）M1金矿体。

M1矿脉组在鸡公山与马蹄沟地表出露4个矿体，分别有老硐、采坑控制，其长度150～500m，在钻孔ZK29－0301、ZK29－0001、ZK15－0002、ZK15－0006、ZK1－0706、ZK1－0708、ZK1－0806、ZK1－0010、ZK1－1506中也见到多层矿体，矿体平均厚度1.65m，金平均品位3.70×10^{-6}，其中ZK15－0002钻孔中在孔深243.6～247.17m处见单样最高品位23.34×10^{-6}，单工程平均品位13.64×10^{-6}。

（3）M3－Ⅰ金矿体。

M3－Ⅰ矿体赋存于M3矿脉中05～21线之间，矿体形态简单，总体呈脉状产出，其产状与M3矿脉基本一致，走向10°～50°，倾向南东，倾角40°～65°。该矿体地表由TC3001、TC3005工程控制，浅深部由ZK5－0901、ZK5－0905、ZK5－0909、ZK5－0501、ZK5－

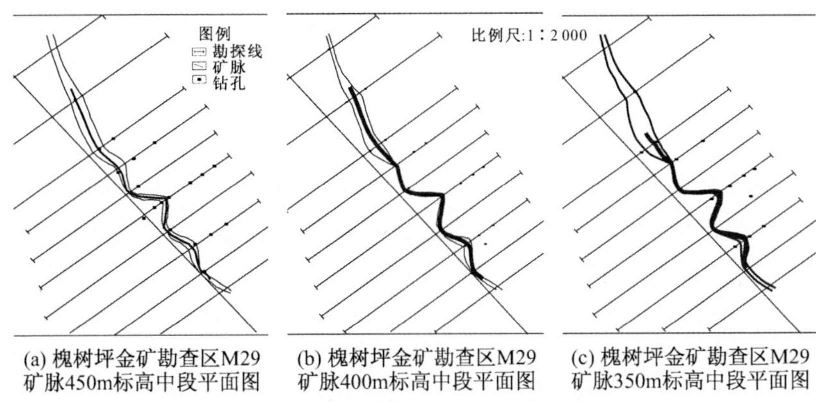

图 5-1 槐树坪矿区 M29-1 矿体水平断面图

（据河南省地矿局地质二队资料修编）

2104 5 个钻孔控制，控制矿体长度 400m，控制矿体斜深 256m，矿体赋存标高位于 344～570m 之间。矿体最大厚度 1.33m，最小厚度 0.71m，平均厚度 1.05m。矿体内金品位最高 30.40×10^{-6}，最低 0.83×10^{-6}，矿体平均品位 3.13×10^{-6}。

（4）M7-Ⅱ金矿体。

M7 矿脉有 M7-Ⅰ、M7-Ⅱ、M7-Ⅲ 3 个矿体，其中 M7-Ⅱ矿体品位较高，厚度较稳定，因此作为主要矿体。

M7-Ⅱ矿体赋存于 M7 矿脉中 05～15 线之间，呈脉状产出，其产状与 M7 矿脉基本一致，走向 60°～70°，倾向 140°～170°，倾角 70°～80°，该矿体地表由 CK70006、CK70008 工程控制，深部由 ZK7-0002、ZK7-0006、ZK7-0402 3 个钻孔控制，控制矿体长度 430m，控制矿体斜深 430m，矿体最大厚度 1.98m，最小厚度 0.98m，平均厚度 1.61m。矿体内金品位最高 9.57×10^{-6}，最低 3.81×10^{-6}，矿体平均品位 3.13×10^{-6}。

（5）M13-Ⅰ金矿体。

M13-Ⅰ矿体赋存于 M13 矿脉中，呈脉状产出，倾向 100°～140°，倾角 28°～42°，金属矿化主要为褐铁矿化、黄铁矿化及少量孔雀石化，矿脉两侧围岩为凝灰岩，矿体由 LD1303、LD1304 工程控制，控制矿体长度 40m，矿体平均厚度 1.50m。矿体内金品位 3.95～4.88×10^{-6}，矿体平均品位 4.42×10^{-6}。

3）矿石

按自然类型分为氧化矿和原生矿两种，按矿物成分及结构构造可分为浸染状黄铁矿金矿石、细脉—浸染状黄铁矿金矿石、脉状—网脉状黄铁矿金矿石、碎裂—角砾状金矿石。

4）围岩蚀变

有硅化、钾长石化、绢云母化、碳酸盐化、高岭石化、绿帘石化、绿泥石化。金属矿化为黄铁矿化、方铅矿化。其中硅化、钾化、黄铁矿化与金矿化关系最为密切。整个蚀变带宽度可达 30～100m。蚀变严格受断裂构造控制，从断裂带向两侧其蚀变强度逐渐减弱。蚀变分带不明显，不同类型的围岩蚀变在空间上可以叠加，多种类型蚀变叠加部位，金矿化相对增强。

5.1.3　矿区进一步找矿面临的主要问题

由上可见，通过已有的勘查工作，区内相继发现了 M29、M1、M3、M5、M7、M13 等多条含矿蚀变构造带（含金矿脉），其中，在 M29、M1、M3 和 M7 含矿蚀变构造带内部发现有 M29－Ⅰ、M1、M3－Ⅰ、M7－Ⅱ等多个金矿体，显示出良好的找矿潜力。但是，从现已发现的矿体来看，除 M29－Ⅰ矿体矿化连续性较好外，其他矿体矿化连续性普遍较差，矿体（层）局部变化大，导致相邻见矿工程中矿体的连接困难。此外，就 M29－Ⅰ矿体而言，从地表高程＋800m 到目前工程揭露的高程＋300m 左右，控制垂深也达到了 500m，深部进一步找矿潜力如何？这也是深部进一步工程部署必须思考的问题。因此，本书认为，槐树坪矿区进一步找矿面临的主要问题是：

其一，M29－Ⅰ矿体深部找矿潜力还能有多大？

其二，目前发现的诸多含矿构造蚀变带中，哪条/哪几条含矿构造蚀变带具有较大的找矿前景？

此外，本书认为，与东湾矿区显著不同之处在于，槐树坪矿区含矿构造蚀变带条数众多，方向多样，产状变化复杂，规模相对较小，目前经野外实地调查也逐步排除了 1∶5 万区域地质调查中填出的区域性 F5 断裂构造。因此，矿区内部未见一条横贯全区的区域性控矿断裂带出现。然而，这些方向多样、产状复杂的矿区含矿断裂构造是如何形成的，相互之间有何成生联系及空间结构关系？与区域构造及构造应力场有何联系？对这些问题的深入分析将为矿区含矿构造蚀变带找矿潜力回答提供重要的科学依据。故此，本书将在充分的野外断裂构造蚀变带地质调查的基础上，结合区域构造应力场分析，以查明矿区不同方向含矿断裂构造形成、演化和结构关系为前提，以断裂构造成矿地质条件分析及找矿潜力评价为目的，针对工程控制程度较高的 M29 矿脉矿体深部，利用钻孔岩芯样品构建不同高程取样系统，通过化探原生晕分带、黄铁矿标型及成矿流体温度场的综合研究，为 M29 矿脉矿体深部找矿潜力判断提供科学依据，为提高深部找矿工程预见性提供参考；对其他工程控制程度较低的含矿构造蚀变带，本书将在断裂构造成矿分析的基础上，以构造土壤化探测量及现有工程揭露为依据，对其进一步找矿潜力给予客观评价。

5.2　矿区断裂构造系统及其成矿潜力分析

5.2.1　中元古代火山盆地边缘断裂构造系统—以 M5、M11、M13、M14 控矿断裂为代表

1）断裂构造基本特征

断裂构造形态产状：沿走向一般呈不连续延伸，轮廓多呈膨大尖缩状，倾角以陡倾为主，一般 70°～80°。

构造岩：复成分火山角砾岩，角砾有火山熔岩、凝灰岩、砂岩等。

岩石结构：火山震碎结构，角砾呈棱角状，位移不明显，多数可拼贴；混杂堆积结构，不同粒径的复成分岩屑、角砾杂乱堆积在一起，无分选，之间被岩粉或铁质、硅质胶结物充填（照片 5－1～照

片 5－4）。

照片 5－1　槐树坪矿区西南外围 M5 断裂构造带内的火山角砾震碎结构，角砾成分为安山岩，大多数可拼贴，胶结物为铁质氧化物

照片 5－2　槐树坪矿区皮沟一带 M13 断裂构造内部铁质胶结火山角砾岩，角砾成分复杂，磨圆差，具震碎结构，碎斑之间可拼贴

胶结物：铁质氧化物（照片 5－1、照片 5－2）。M11 断裂构造内部广泛发育硅化脉体，张旺生教授认为是构造砂岩墙中常见的液化溶液形成的低温石英，是砂岩墙的一种典型现象（照片 5－4）。

照片 5－3　槐树坪矿区皮沟一带 M14 断裂构造带内部具有氧化边的火山角砾岩

照片 5－4　槐树坪矿区 M11 断裂构造内部的硅化砂岩墙，岩石呈混杂堆积结构，内部含火山岩角砾，角砾之间被砂质成分及液化硅质成分充填胶结

构造蚀变：以泥化、硅化、褐铁矿化、叶蜡石化等低温热液蚀变为主，与金矿化密切相关的钾化、硅化、黄铁矿化蚀变不发育（照片 5－5，照片 5－6，照片 5－7，照片 5－8）。

照片 5－5　M5 断裂构造中的硅化、高岭土化、叶蜡石化构造岩

照片 5－6　M11 断裂构造中的铁质胶结构造角砾岩，
角砾为乳白色石英

断裂构造形成时间及形成地质背景：矿区火山盆地边缘断裂构造系统可能形成于中元古代华北板块南缘拉张伸展作用基础之上。在北西西向陆缘裂谷内部，火山机构发育。矿区处于小章沟-白土源Ⅲ级火山机构范围，该火山机构明显受北东向和北西西向断裂构造控制。因此，根据矿区产出的地质背景及岩石学特征，推断矿区 M5、

照片 5-7　TC1303 北东 100m 山顶（炉香石 834.5m 高地）处 M14 断裂构造带内部的泥化、褐铁矿化构造片岩

照片 5-8　814.4m 高地附近，M13 断裂内部的硅化、褐铁矿化火山角砾岩

M11、M13、M14 断裂构造很可能属于上述火山机构断裂的组成部分。

2）成矿潜力分析

根据断裂构造蚀变程度、产出规模及土壤化探测量结果，判断成矿期（燕山期）该断裂构造系统总体活动性不强，因此，形成工业矿体的可能性不大，判断依据如下：

（1）断裂带内部与金矿化有密切关系的钾化、硅化、黄铁矿化蚀变不强烈。相反，与金矿化关系不大的高岭土化、褐铁矿化广泛发育。硅化虽然很发育，但是，与本区构造蚀变岩型金矿床蚀变岩相比较（照片 5-9、照片 5-10、照片 5-11、照片 5-12），该断裂构造系统中的硅化无论是面型的隐晶质硅化，还是脉状的石英硅化，其内部的黄铁矿含量均很低，也很少见其他金属硫化物发育，由此推断其形成工业规模金矿体的可能性不大。

照片 5-9　萑香洼金矿 808 中段 CD29 穿角砾胶结型矿石

（2）野外地表调查结果显示，该断裂构造系统蚀变程度相对增强部位与一组北北东 10°～30°断裂构造或矿区熊耳群地层内部的缓倾斜断裂交汇有关。如，皮沟一带发育多组北北东 10°～30°断裂，其与 M5、M14 断裂交汇部位蚀变矿化明显增强（照片 5-13、照片 5-14）；矿区西北角 814.4m 高地至 834.4m 高地一带火山凝灰岩中的缓倾斜层间破碎带与 M13 断裂交汇部位蚀变矿化明显增强（照片 5-15、照片 5-16、照片 5-17、照片 5-18）。但是，这些部位向两侧的延伸及蚀变体厚度均有限，一般延长不超过 30m、厚度不超过 1m，因此，形成工业规模金矿体的可能性不大。

照片 5-10　康山金矿 920 中段石英黄铁矿矿石

照片 5-11　庙岭金矿 512 中段 F8 蚀变岩型矿体

（3）矿区土壤化探测量成果显示，在该断裂构造系统产出部位 Au 元素土壤化探异常不突出，如 F5（相当于 1∶5 000 矿区地质图中的 M14 位置）、F11（相当于 1∶5 000 矿区地质图中的 M11 位置）断裂产出部位 Au 土壤化探异常均不发育。而本区金矿体空间赋存部位一般与土壤地球化学异常具有较好的空间耦合关系，如 F29 断裂内部的 M29 矿体，F7 断裂内部的 M7 矿体，其产出部位与矿区土壤

照片 5-12　九仗沟金矿 395 中段黄铁绢英岩型矿石

照片 5-13　槐树坪矿区牛头沟西陡崖北西 50m 左右两组断裂交汇部位，M5 断裂构造蚀变增强，但带宽不足 1m

地球化学异常均具有很好的套合关系（图 5-2）。由此判断，该断裂构造系统赋存工业规模金矿体可能性不大。

此外，在 1∶5 000 矿区地质图中的 M13 位置断续发育有 6-Ⅰ、7-Ⅰ、8-Ⅰ等多处土壤化探甲级异常，尤其是 6-Ⅰ异常面积大，浓集强度高，低、中、高异常分带全，值得展开进一步调查工作。本次

照片 5－14　槐树坪矿区姜疙瘩一带 M14 与北北东向断裂交汇部位，火山岩内部发育的一组钾化、硅化、黄铁矿化细脉，细脉群宽约 1m，大约有 50 条细脉，单脉宽度一般为 5～8mm，相互平行，脉体产状：255°∠50°

照片 5－15　槐树坪矿区 814.4 高地 M13 构造蚀变带，带宽不足 30cm

野外工作期间，对该异常分布范围进行过细致的地质调查，结果表明，这个地段有多处民采点，这些民采点所采对象均为受层间破碎带控制，宽度 10 厘米至几十厘米的薄层矿脉，脉体连续性差，品位也不高。再者，如上所述，导致此部位蚀变矿化增强的一个关键因素是

照片 5-16　TC1303 北 30m 附近 M13 与缓倾斜断裂交汇处岩石蚀变增强

照片 5-17　槐树坪矿区皮沟沟头西侧民采坑山顶附近与 M13 断裂交汇的北北东 10°断裂构造，蚀变矿化增强

北东向的 M13 断裂与一组北北东 10°～30°断裂构造交汇有关，在二者交汇部位蚀变矿化增强，如照片 5-16 和照片 5-17 所示。但总体而言，M13 断裂构造的规模不大，如照片 5-15 所示，北北东 10°～30°断裂构造向两侧延伸的程度也有限，因此，本书认为，该异常范围内，发现工业规模金矿体的可能性不大。

照片 5－18　槐树坪矿区平行 M11 剪切节理，被硅化石英脉充填，脉宽不足 30cm

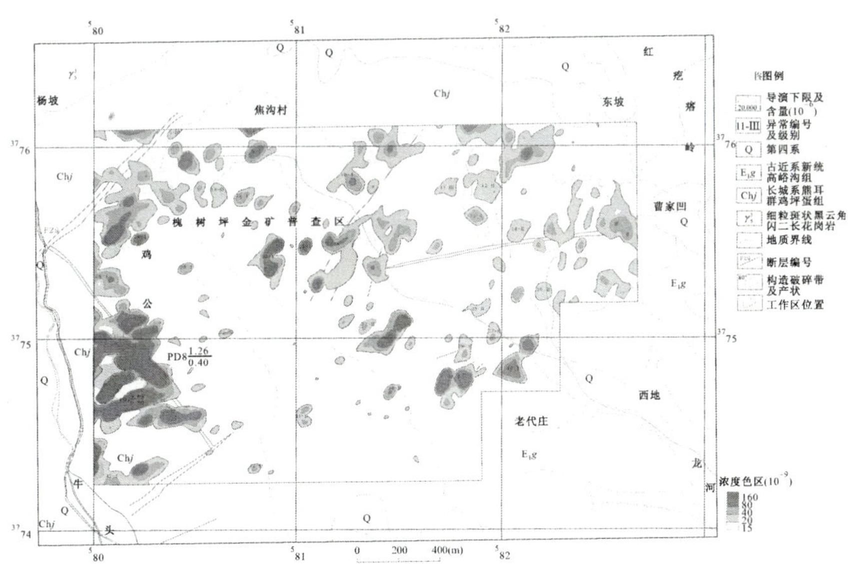

图 5－2　槐树坪矿区土壤测量 Au 地球化学异常图

（资料来源：河南省地矿局地质二队）

5.2.2 印支造山晚期伸展滑脱断裂构造系统—以 M1 矿脉组控矿断裂为代表

1）断裂构造基本特征

断裂构造形态产状：矿区该组断裂产于熊耳群内部，为一组近于平行的层间破碎带（照片 5-19）。断裂倾向一般为南东 120°～160°，倾角一般 0°～20°之间。断裂构造沿走向、倾向延伸均不稳定，具有波状起伏特点，局部起伏强烈，形成断坪/断坡（照片 5-20）。

照片 5-19　槐树坪矿区马蹄沟口山坡一组近平行产出的 M1 矿脉组

构造岩：构造碎裂岩、构造角砾岩发育。角砾成分可以为蚀变火山岩，也可以为早期矿化岩石角砾。角砾呈棱角、次棱角状，无优选方向，大小相对较均匀，显示脆性压扭—张扭性断裂构造岩特征（照片 5-21、照片 5-22）。

胶结物：与火山角砾岩胶结物明显不同，该组断裂构造角砾岩胶结物成分主要为成矿期热液活动有关的石英、硫化物、方解石等成分（照片 5-21、照片 5-22、照片 5-23、照片 5-24）。

构造蚀变：普遍发育与 Au 矿化关系密切的钾化、硅化、黄铁矿化蚀变类型组合，并且硅化、黄铁矿化具有多阶段叠加特点（照片 5-23、照片 5-24）。

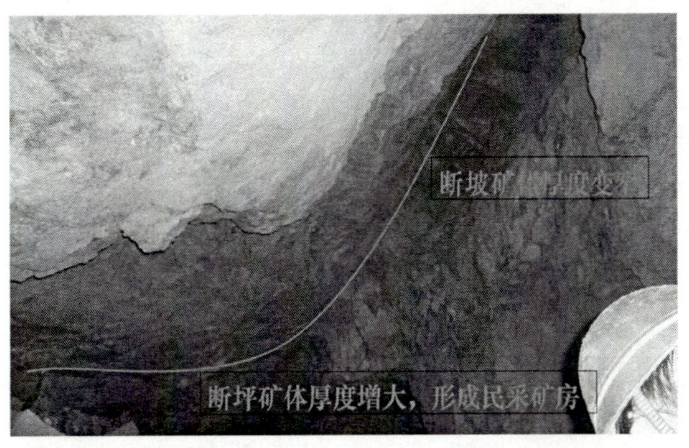

照片 5 - 20　槐树坪矿区民采 LD03 M1 控矿断裂面产状变化特征及控矿作用

照片 5 - 21　槐树坪矿区 M1 矿脉 ZK15 - 0002 钻孔，Au 品位 12.59g/t 及 23.34g/t 部位的张性构造角砾岩特征。角砾呈棱角状，鸡骨状，热液充填形成的细脉呈随机分布，无方向性

断裂构造形成时间及形成地质背景：根据矿区 M1 矿脉组断裂构造特征，结合本区区域构造演化历史，判断矿区 M1 矿脉组属于印支期碰撞造山期后伸展作用的产物。目前已有越来越多的研究者（陈衍景等，1992；郭宝健等，1997；丁士应等，1999；王志光等，1999；

照片 5－22　槐树坪矿区 M1 矿脉 ZK15－0006 钻孔 78～84m 位置 Au 平均品位 6.2g/t 的张性构造角砾岩。角砾之间空隙度明显，大小混杂，受后期热液溶蚀呈次棱角状

照片 5－23　M1 矿脉 ZK1－0704 钻孔见矿部位钾化、硅化、黄铁矿化、绿帘石化等多种蚀变叠加

张进江等，2003；王义天等，2009）认为小秦岭-熊耳山地区 Au 矿成矿的时间及成矿动力学背景与中国东部晚白垩世区域构造体制转换

照片 5-24 槐树坪矿区马蹄沟民采 LD03 早期矿化角砾（黄褐色）被晚期烟灰色石英脉充填交代，早期角砾棱角明显，大小不一，示张性构造角砾特征

作用有关。区域上该期断裂构造广泛发育，形成伸展剥离断层系统。其中，在基底出露区，形成变质核杂岩构造，在基底与盖层接触带形成主剥离断层，在元古界盖层内部，形成盖层剥离断层系统。矿区 M1 脉组即为盖层剥离断层系统的组成部分。

2）成矿潜力分析

M1 赋矿断裂构造是一组发育在中元古界熊耳群地层内部的层间滑脱断裂构造。该组断裂构造在槐树坪矿区广泛发育，以倾角低缓（0°～20°）为显著特征，宽度几十厘米至数米不等，但一般小于 1m。从民采老硐调查情况来看，该组断裂构造沿倾向波状起伏很普遍，局部起伏强烈地段可能会形成断坪和断坡。

理论上讲，M1 赋矿断裂构造倾角低缓，不利于形成大规模引张，不易厚大矿体的形成。但是，由于该组断裂沿走向/倾向方向波状起伏较大，且变化较为频繁，因此，不排除在波状起伏变化部位有富矿囊呈串珠状矿体出现。例如，目前在 ZK15-0002（平均品位：13.65g/t，平均厚度：3.25m）、ZK15-0006（6.2g/t，5.62m）钻孔均揭露到富矿体。此外，在 ZK3-2104、ZK3-0905、ZK1-0704

等钻孔中也揭露到多层平均品位 2g/t、厚度 2m 左右的矿体。

鉴于 M1 矿脉组断裂形成的构造背景—造山期后伸展，因此，有利于此类构造定位的空间部位是不同性质的构造薄弱面，如地层不整合面、地层内部能干性不同的岩层界面等。槐树坪矿区出露的地层均属熊耳群，矿区该套地层厚度很大，见到太华群与熊耳群不整合面的可能性不大。因此，同一套地层内部能干性不同的岩层界面是矿区 M1 矿脉组断裂构造产出的有利部位。

因此，充分利用钻孔编录资料，结合地表地质调查，查明矿区 M1 矿脉组断裂构造的数量、产出分布规律是进一步找矿工作的重点。根据上述找矿思路，野外工作期间，我们选择 9 个钻孔进行了编录，结果显示，控制 M1 矿脉组产出的断裂构造总体上受不同岩性界面控制，但由于矿区处于火山机构内部，岩相、岩性变化大，因此，不同钻孔揭露到的 M1 矿脉组相互之间很难相连。如，有的钻孔可见 4～5 层 M1 矿脉组，而相邻的钻孔可能只见 1～2 层 M1 矿脉组。尽管如此，我们认为，通过钻孔编录，结合地表地质路线调查，仍有望达到查明矿区火山岩相、恢复火山机构的目的。本次工作通过以上 9 个钻孔的横、纵剖面对比（图 5-3、图 5-4），结合地表地质路线调查，初步显示槐树坪矿区整体上存在三种火山作用方式，伴随三大类火山岩相。其一，在牛头沟以西，为陆相火山喷发作用为主，自南西向北东，依次出现火山集块岩相→火山角砾岩相→火山凝灰岩相；其二，牛头沟以东，新生代断陷盆地之间，以陆相火山溢流作用为主，形成英安质火山熔岩、次火山岩，夹熔结火山角砾岩和火山凝灰岩薄层；其三，新生代断陷盆地以东，以陆相火山沉积作用为主，形成具有沉积层理的火山沉积岩（图 5-5）。其中，不同火山作用方式、不同火山岩相变化部位是断裂构造有利形成部位，钻孔揭露显示，缓倾斜层间断裂构造发育的最有利部位在火山角砾岩与火山凝灰岩接触带附近。

最后，应当强调的是，从现有勘查成果来看，M1 矿脉组是矿区内赋矿概率最高的一组断裂构造，品位也不错，民采老硐调查表明，该组脉体局部有膨大部位存在。同时，最重要之处在于，查明 M1 矿脉组与矿区陡倾脉体的交汇部位，M1 矿脉组断坪—断坡转换地段

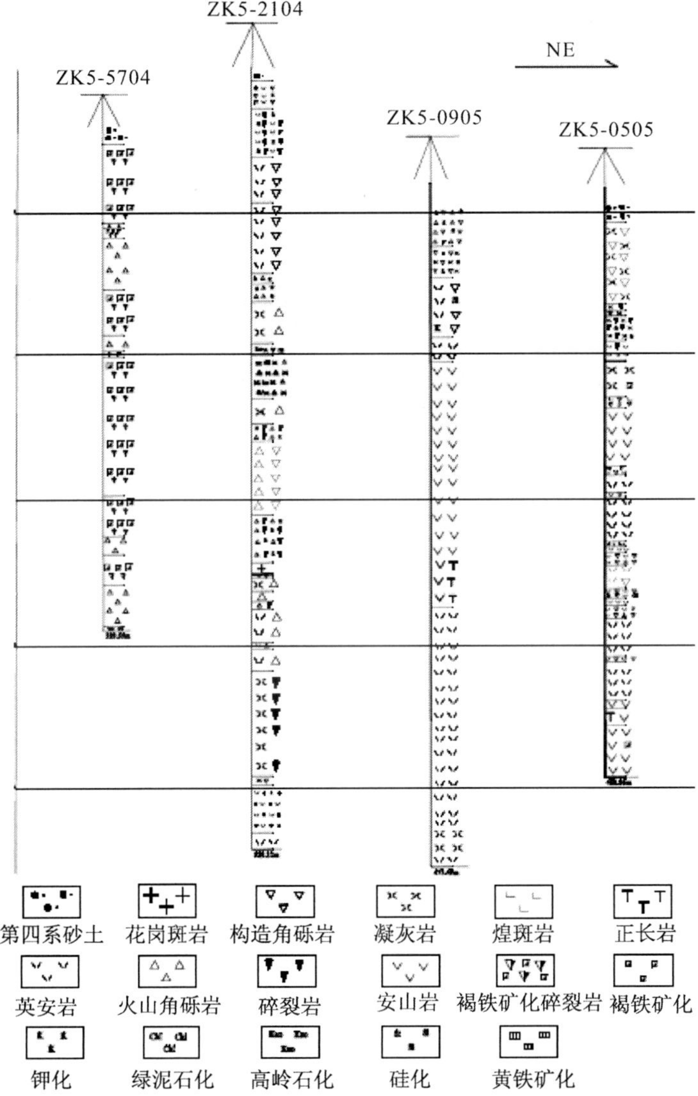

图 5－3　槐树坪矿区北东—南西向钻孔编录联合柱状图

（自北向南，火山岩角砾逐渐增多、熔岩逐渐减少）

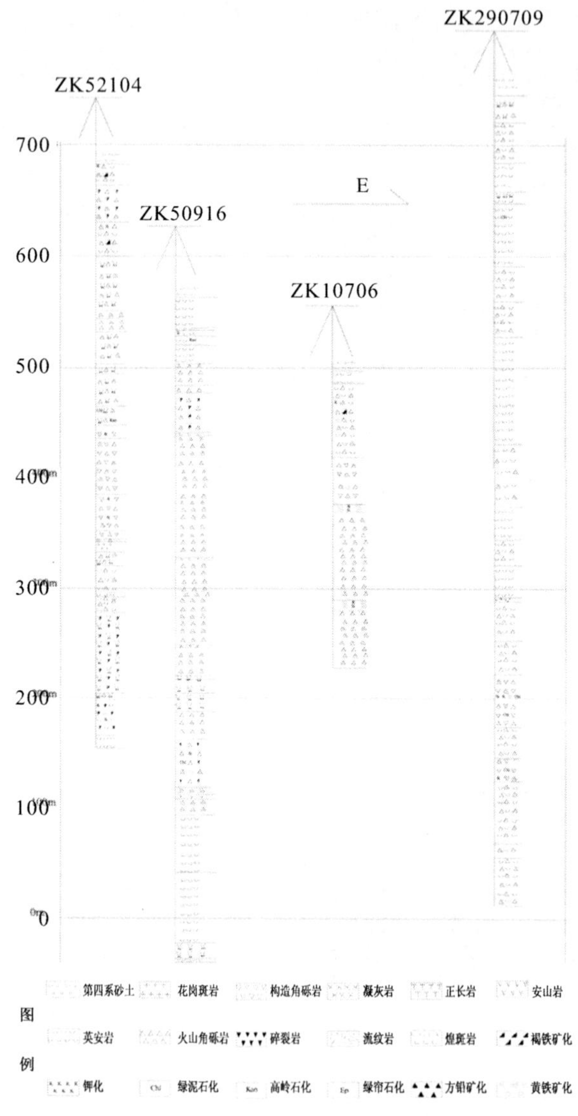

图 5-4　槐树坪矿区东—西向钻孔编录联合柱状图

（自西向东，火山岩角砾逐渐减少，熔岩逐渐增多）

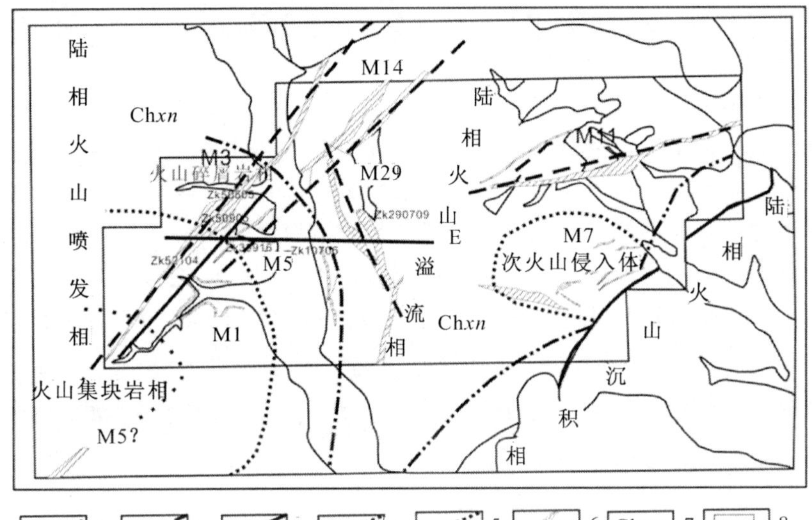

图 5-5　槐树坪矿区火山岩相分布概略图

1. 地质界线；2. 断裂构造；3. 钻孔联合剖面；4. 火山岩相界线；5. 火山岩亚相界线；6. 矿脉及其编号；7. 中元古代熊耳群许山组；8. 矿产普查区范围

(这些部位有厚大矿体）是矿区增储的关键。

因此，无论从资源战略角度，还是找矿战术角度都应当将查明矿区 M1 矿脉组的产出分布规律作为今后找矿工作的重点。

综上，鉴于 M1 赋矿断裂在矿区内出露广，赋矿普遍，局部有富矿体，并且滑脱断裂构造性质，决定了此类构造应有较好的延伸状态，因此，其找矿潜力不可低估。尤其是该组缓倾断裂与矿区陡倾断裂交汇部位是成矿有利的部位，今后应随着控矿断裂产状的逐渐清晰，提高对二者交汇地段的预判，并布置工程予以验证。

5.2.3　燕山期板内造山断裂构造系统—以 M3、M29、M7 控矿断裂为代表

1）断裂构造基本特征

断裂构造一般特征：断裂构造呈北东、北北东、北西向，倾向可

以是北东向，也可以是南东向，倾角一般为中等倾斜—陡倾倾斜。

构造岩：构造角砾岩、构造碎裂岩为主，角砾/碎斑成分较复杂，包括火山角砾、凝灰岩角砾、火山熔岩角砾，与中元古代同火山作用期断裂构造角砾岩构造角砾主要差异是上述角砾发育不同程度的热液蚀变，角砾胶结物主要为成矿期热液成分（照片 5-25、照片 5-26）。局部构造增大部位，构造岩有分带，根据岩性差异，一般出现构造劈理化带、构造透镜体带和构造碎裂岩带组合，其中，在构造碎裂岩带蚀变矿化相对较明显。如槐树坪矿区皮沟一带发育的北北东 30°方向断裂组（照片 5-27）。

1.ZK29-0709黄铁矿胶结构造角砾岩/碎裂岩型矿石。角砾/碎斑为早期蚀变岩，后期受构造破碎，进一步细粒化，碎斑之间拉开空隙明显，被晚期硫化物胶结。碎斑大小混杂，无定向，岩石内部破裂面多为不规则状、锯齿状，显示张性—张扭性构造活动特征

2.ZK29-0709黄铁矿细脉充填—角砾、碎斑胶结型矿石。特征同1。

3.ZK29-0005初糜棱岩化矿石。显示S-C组构，S线理由早期矿化的乳白色石英碎斑定向排列构成；C面理被细粒黄铁矿集合体充填

照片 5-25　槐树坪矿区 M29 矿脉构造蚀变岩特征

构造蚀变：自断裂构造带上部向下部，一般可以划分为如下几个构造蚀变岩分带：

泥化带/碳酸盐化带→青磐岩化/绿泥石化带→绢云母化（硅化、黄铁矿化）带→钾化（硅化、黄铁矿化）带。Au 矿化主要集中在钾化、硅化带出现（照片 5-28）。

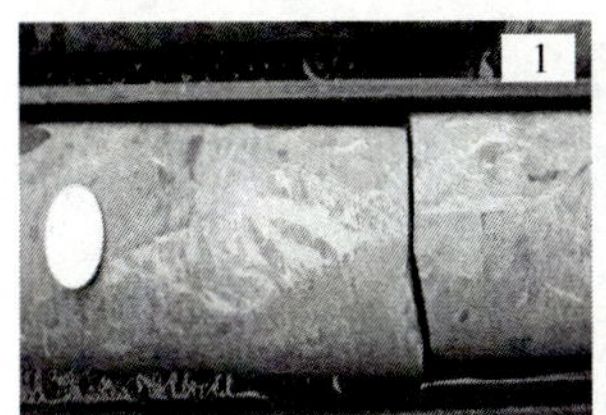

构造角砾岩

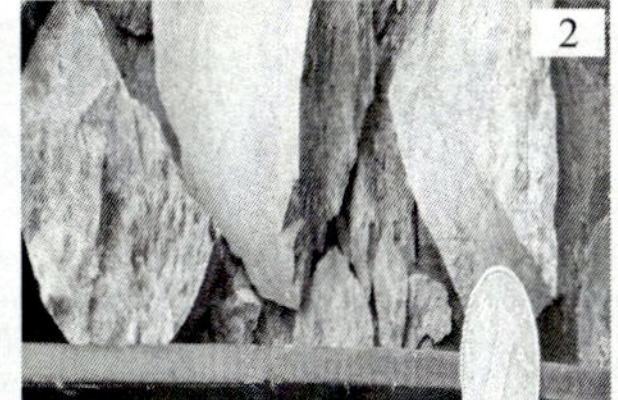

构造碎裂岩

构造碎裂岩

槐树坪矿区M3矿脉ZK3-0912钻孔251~316m见矿部位的构造角砾岩及构造碎裂岩特征，岩性具体特征与上述ZK29-0709构造岩特征相似

照片 5－26　槐树坪矿区 M3 矿脉构造蚀变岩特征

照片 5－27　燕山期断裂构造分带及构造蚀变岩特征

断裂构造形成时间及形成地质背景：根据断裂构造系统产出特征及矿化发育程度，推断该断裂构造系统属于燕山期板内造山作用的产物。根据本区燕山期主成矿期构造应力场主压应力方向为近南北向的

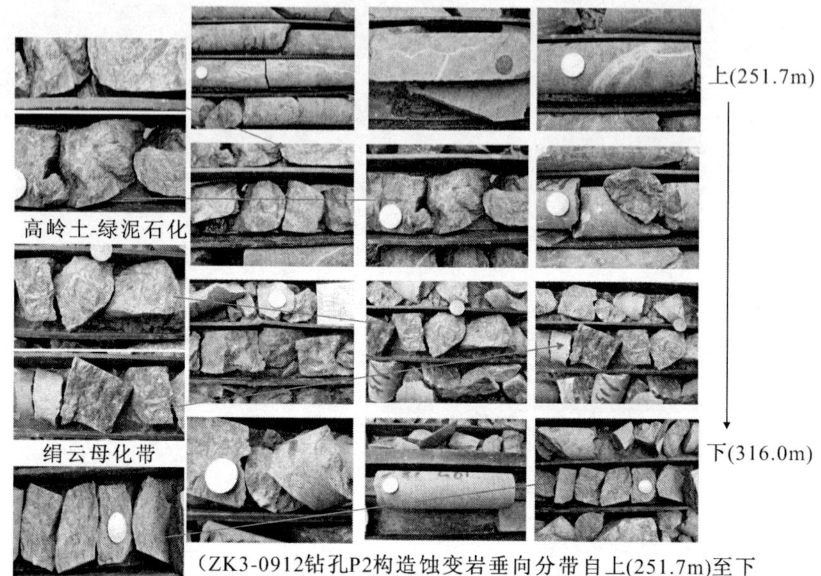

照片 5－28　槐树坪矿区 M3 钻孔见矿地段构造蚀变岩垂向分带特征

认识（表 3－7），认为矿区该断裂构造系统内部不同方向的断裂构造具有如图 5－6 所示的配套关系。可见，该断裂构造系统中的北北西向 M29 和北东向 M3 断裂主成矿期表现为张/压扭性多种断裂性质，北东东向 M7 断裂为压/张扭性断裂性质。

表 5－1 为槐树坪矿区 M5 断裂构造附近石英脉产状测量数据，野外测量过程中，优先选择共轭剪切石英脉测量，对非共轭石英脉尽可能判断其切割关系，判断其先后形成时序。利用极射赤平投影图求解其最大主压应力 σ_1，最小主压应力 σ_3 和中间主压应力 σ_2 方向及产状。由表 5－1 可见，M5 断裂构造最大主压应力方向以南北向及北西—南东向两个方向为主。由此表明：

其一，矿区实测 M5 断裂构造古应力场与前述本区燕山期主成矿期区域应力场方向一致(南北向挤压为主，见第3章)，二者相互验

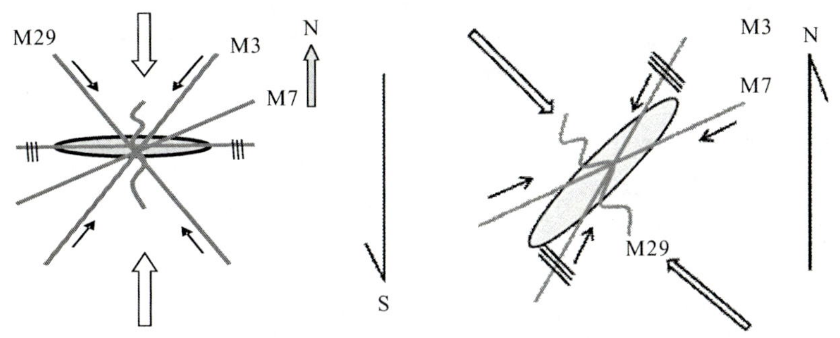

图 5-6　槐树坪矿区燕山期主成矿期断裂构造系统配套关系示意图

表 5-1　槐树坪矿区 M5 断裂构造附近石英脉节理产状及构造应力场恢复

序号	观察地点	节理性质	充填物	产状	备注	σ_1	σ_2	σ_3
1	579666/3775923 520m	共轭节理	石英	177°/49°, 174°/85°		158°/67°	269°/6°	356°/40°
2	579666/3775923 520m	共轭节理	石英	170°/85°, 195°/34°		144°/52°	260°/17°	1°/30°
3	579666/3775923 520m	剪节理	石英	174°/73°				
4	579666/3775923 520m	剪节理	石英	315°/44°	5 切穿 4			
5	579666/3775923 520m	张节理	石英 硫化物	38°/78°				
6	579666/3775923 520m	剪节理	石英 方解石	138°/45°	脉幅 1mm 贴皮发育			
7	579666/3775923 520m	张节理	硫化物（玉髓）	13°/36°				
8	579666/3775923 520m	剪节理	石英 方解石	115°/72°				
9	579666/3775923 520m	共轭节理	方解石	8°/50°, 75°/16°		354°/22°	84°/16°	210°/60°

续表 5-1

序号	观察地点	节理性质	充填物	产状	备注	σ_1	σ_2	σ_3
10	579666/3775923 520m	剪节理	石英 铁质 碳酸盐	105°/26°				
11	579666/3775923 520m	张扭性	方解石	320°/80°				
12	579666/3775923 520m	张节理	石英	15°/60°	脉幅 5cm			
13	579666/3775923 520m	张节理	石英	15°/55°				
14	579666/3775923 520m	共轭节理	石英	350°/80°, 110°/23°		194°/50°	77°/20°	332°/30°
15	579666/3775923 520m	剪节理	石英	110°/30°				
16	公路旁民采洞	张扭性	石英 硫化物	165°/70°	构造无锯齿,钾化硅化、黄铁矿化			
17	公路旁民采洞	压性	无	355°/58°				
18	579828/3775078 495m	无	无	168°/55°				
19	579828/3775078 495m	无	石英 硫化物	340°/75°	脉宽 10cm,西侧明显硅化			
20	579828/3775078 495m	共轭节理	无	110°/75°	脉宽 5cm			
21	579828/3775078 495m	剪节理	钾化、硅化、黄铁矿化	335°/61°	脉呈舒缓波状			
22	579828/3775078 495m	张节理	钾化硅化黄铁矿化	175°/18°				
23	579828/3775078 495m	张节理	烟灰色石英	15°/24°	马尾状脉宽 1～2mm			
24	陡崖附近	张节理	石英 硫化物	200°/37°, 1°/57°		152°/76°	277°/8°	9°/78°

续表 5-1

序号	观察地点	节理性质	充填物	产状	备注	σ_1	σ_2	σ_3
25	579666/3775923 529m	剪节理	无	150°/38°, 148°/37°		340°/54°	160°/36°	70°/0°
26	579666/3775923 529m	共轭节理	无	290°/80°, 282°/47°	82 切割 81	333°/62°	205°/20°	106/20°
27	579666/3775923 529m	张节理	硫化物	151°/47°				
28	579666/3775923 529m	共轭节理	无	348°/86°, 181°/47°	照片 1	141°/68°	259°/12°	254°/70°
29	579666/3775923 529m	剪节理	无	185°/68°, 179°/71°	照片 3	99°/44°	253°/43°	357°/14°
30	579666/3775923 529m	剪节理	无	272°/24°, 268°/21°				
31	579666/3775923 529m	共轭节理	无	147°/58°, 214°/54°		360°/40°	186°/50°	92°/1°
32	579666/3775923 529m	剪节理	石英	21°/55°				
33	579666/3775923 529m	共轭节理	无	8°/56°, 22°/23°		355°/38°	92°/8°	194°/50°
34	579666/3775923 529m	剪节理	石英	324°/68°				
35	579902/3775255 544.5m	张节理	石英	242°/71°	冷 1			
36	579666/3775923 520m	张扭节理	石英硫化物	290°/65°				
37	579666/3775923 520m	张扭性	石英硫化物	170°/85°	见硅化角砾石英硫化物为主，宽 8cm，两侧有 6cm 蚀变带			

续表 5-1

序号	观察地点	节理性质	充填物	产状	备注	σ_1	σ_2	σ_3
38	579666/3775923 520m	张扭性	石英硫化物	170°/80°				
39	579666/3775923 520m	压剪节理	石英	170°/57°，212°/50°	灰白色，共轭节理	107°/10°	212°/50°	9°/38°
40	579666/3775923 520m	剪节理	石英硫化物	290°/45°	较晚，切入62裂隙中			
41	579666/3775923 520m	剪节理	乳白色石英脉	285°/60°	张扭性			
42	579666/3775923 520m	张节理	石英硫化物	160°/54°				
43	579666/3775923 520m	剪节理	石英硫化物	190°/54°				
44	579666/3775923 520m	剪节理	方解石	60°/44°，110°/20°		31°/21°	129°/19°	259°/58°
45	579666/3775923 520m	剪节理	方解石	145°/58°，105°/34°		187°/28°	78°/30°	309°/46°
46	579666/3775923 520m	剪节理	方解石	115°/80°				
47	579666/3775923 520m	剪节理	方解石石英(已破碎)	310°/60°	蚀变带较宽，面较平直，脉宽5cm			
48	579666/3775923 520m	张节理	乳白色石英	15°/50°				
49	579666/3775923 520m	张节理	方解石	35°/85°	脉幅1cm左右，分布致密			
50	579666/3775923 520m	张节理	石英硫化物	160°/65°，257°/10°	分布稀疏	351°/56°	246°/10°	150°/30°
51	579666/3775923 520m	张裂隙	无	155°/58°，265°/10°		354°/61°	240°/10°	144°/26°

证，提高了认识的可信度。

其二，矿区实测 M5 断裂构造古应力场恢复揭示，除与本区区域应力场一致的南北向主压应力场方向之外，北西—南东向主压应力场也很明显，我们认为南北向主压应力场与本区南北向的陆内俯冲造山运动构造背景相对应，而北西—南东向主压应力场与中国东部燕山晚期古太平洋板块向欧亚大陆侧向俯冲作用背景相对应，是侧向俯冲过程中形成的左旋力偶派生压应力，如图 5－6 右图所示。由此表明，包括矿区在内的熊耳山地区燕山期是华南华北板块的南北向挤压/伸展交替和中国东部古太平洋板块俯冲作用的叠加背景。

其三，不同方向挤压应力场的叠加作用，导致矿区燕山期断裂构造张扭性和压扭性交替进行，多期活动，有利于构造赋矿空间的形成。

2）成矿条件

区域金矿成矿分析表明（见第 3 章），本区金矿成矿有印支期和燕山期两期，又以后期燕山期成矿强度和规模为最大。这一认识也已得到越来越多金矿床高精度年代学的证实。因此，伴随燕山期板内俯冲造山作用形成的控矿断裂构造无疑是本区金矿床赋矿的有利空间场所。本区业已发现的上宫金矿、康山金矿、庙岭金矿、北岭金矿、萑香洼金矿等均受此期断裂构造控制，充分表明本期断裂构造系统对本区金矿床的重要控制意义。有鉴于此，槐树坪矿区 M29、M3 和 M7 断裂构造应当是矿区最佳的成矿构造空间。目前，已有的工程勘查显示 M29 断裂构造金矿化较好，初步圈定具有工业价值的金矿体一处，其深部进一步找矿潜力留待后文评述。在此需要指明的是，矿区 M3、M7 断裂构造与 M29 断裂构造虽然方向不同，但是从断裂构造岩和矿化特征推测，其应属于燕山期板内造山俯冲阶段与 M29 断裂构造配套的断裂构造，具有多期活动的性质，因此，它们与 M29 断裂构造一样，具有较好的成矿条件，值得进一步找矿勘查投入。

5.3　M29 矿脉深部找矿潜力评价

5.3.1　断裂构造性质及对成矿条件的制约

1）断裂构造形态、规模及产状

M29 赋矿断裂构造带形态不规则，沿走向膨大尖缩、分枝复合明显。赋矿断裂具有张性断裂特征（图 5－7）。

矿体受赋矿断裂带内部一组平直断裂构造控制（照片 5－29），顶底板主裂面清楚，蚀变、矿化基本上控制在顶底板主裂面之间，主裂面以外围岩蚀变程度较弱（照片 5－30）。

2）构造蚀变岩特征及其分带

因地表出露不清，现选择 ZK29－0709 钻孔矿化岩芯部位（照片 5－31），对 M29 断裂的构造蚀变岩特征及其分带情况阐述如下：

从钻孔岩芯来看，M29 赋矿断裂构造带内压扭性构造岩发育相对较少，相反，多以构造角砾岩/碎裂岩形式存在。

赋矿构造角砾岩类型有三种：第一种角砾成分主要为赋矿围岩，大小混杂，位移显著，可拼贴性差，棱角较明显，之间被岩粉或石英硫化物胶结，显示张扭性构造岩特征；第二种角砾成分为早期矿化的石英岩，角砾大小相对较均匀，位移量较小，多为次棱角状，显示压扭性构造岩特征；第三种角砾成分为早期蚀变岩碎斑，大小混杂，碎斑破裂面形态复杂，无定向，显示张-张扭性构造岩特征；垂向上，构造岩自上部至下部，大致可以划分为原岩带→节理构造带→构造角砾/碎粒岩带→节理构造带→原岩带。节理构造带与构造角砾岩带常交互产出，构造角砾岩带局部叠加压扭性变形的初糜棱岩，但规模有限。

根据矿石组构特征（照片 5－32），可将矿化阶段进一步划分为：早期张—张扭性断裂活动，乳白色石英-硫化物阶段，形成角砾—裂隙充填型矿化；后期压扭性断裂活动，早期成矿物质迁移改造阶段，形成初糜棱岩型矿化；晚期张性构造活动，烟灰色石英-硫化物阶段，

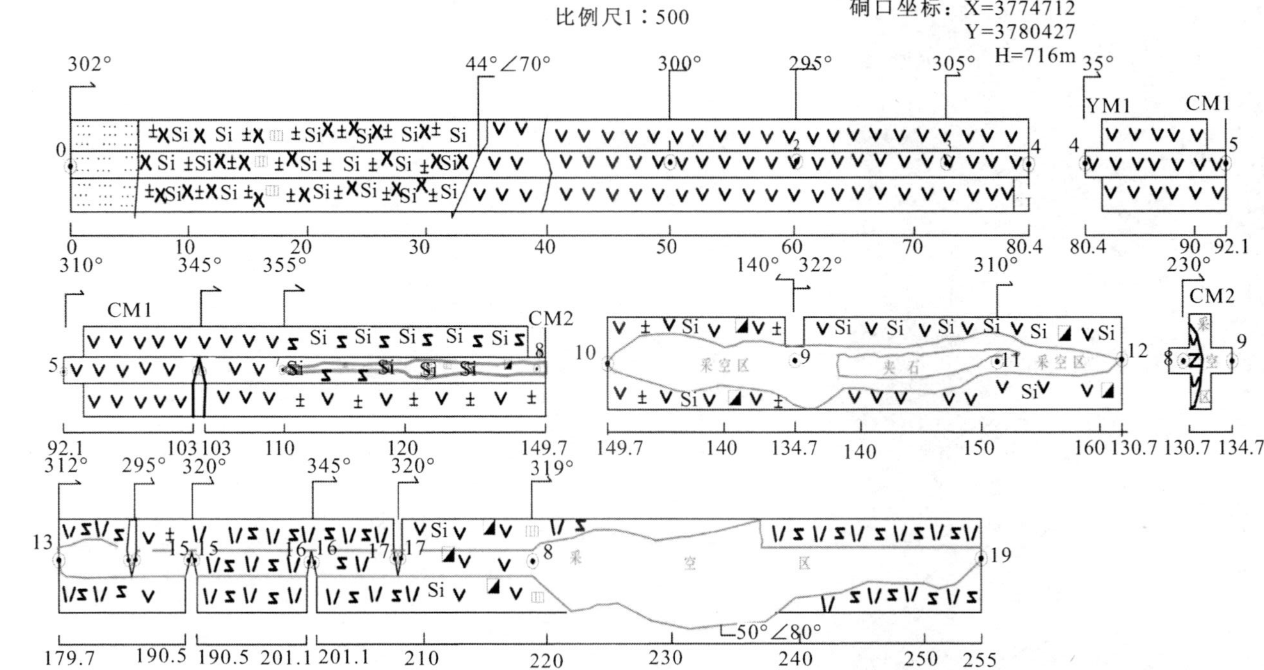

注：11-12导线1m处垂直向下9m，转成13-14导线

图5-7 槐树坪矿区鸡冠山顶民采LD坑道编录图揭示的M29断裂构造特征
（据河南省地矿局地质二队资料修编）

照片 5 - 29　槐树坪矿区鸡冠山顶民采坑揭露出的 M29 赋矿断裂构造特征

形成细脉充填型矿化，为 Au 矿化的主要成矿阶段。

3）断裂构造力学性质及其应力场转换过程分析

M29 赋矿断裂构造形迹特点表明该断裂构造形成初期属于张性断裂性质。

M29 控矿断裂构造主裂面较平直，矿体总体具有中间厚两侧薄及分枝复合的特征，指示控矿断裂构造总体具有张扭性断裂性质。

M29 控矿断裂构造岩组构特征，指示该断裂构造成矿期首先产生张—张扭性断裂活动，形成构造带内部广泛发育的张性构造角砾岩，并伴随早期乳白色石英黄铁矿脉充填；此后又经历了压扭性断裂活动，导致早期形成的石英黄铁矿脉及蚀变岩型矿化岩石的挤压破碎，形成构造碎裂岩/角砾岩，局部变形强烈，形成初糜棱岩；再后又经历了张—张扭性构造活动，形成细脉充填型矿化，为 Au 矿化的主要成矿阶段。

由上可见，成矿期，M29 断裂构造力学性质经历了从张—张扭→压扭→张—张扭的转换过程，由此表明 M29 断裂构造实质上经历过多期构造应力场变化，伴随构造应力场变化出现张扭—压扭交替式构造运动，具复合性断裂构造性质。

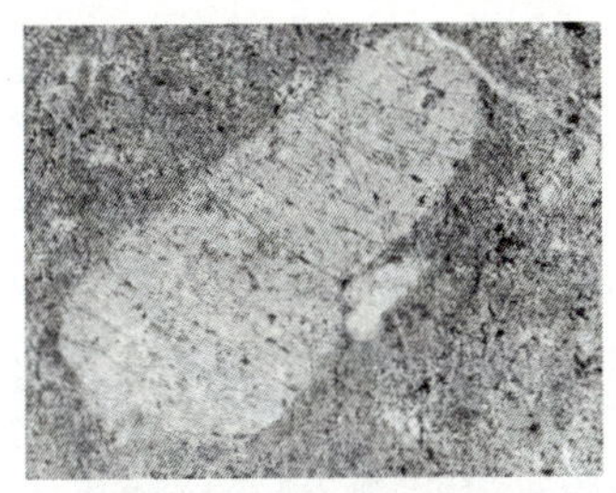

1.英安岩中钾长石斑晶×2.5

2.气孔构造充填石英单向生长

3.快速冷却形成的骨架状石英

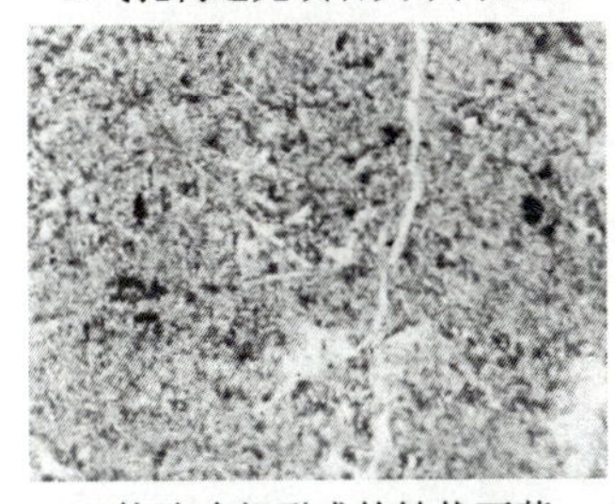

4.快速冷却形成的针状石英

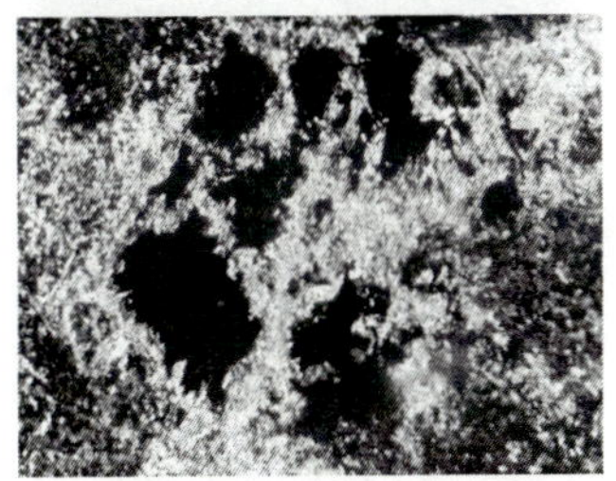

5.长石绢云母化、碳酸盐化

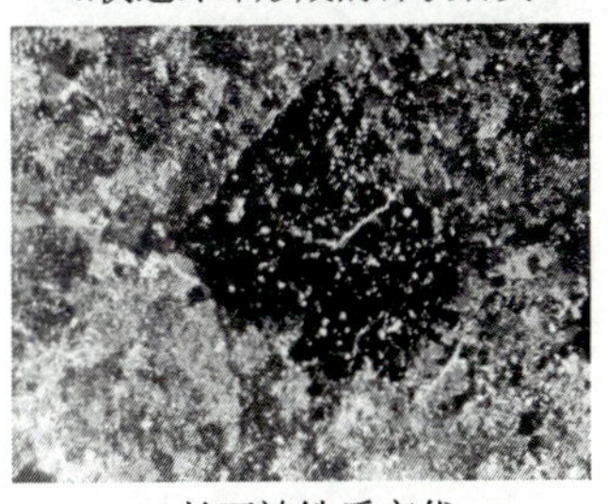

6.长石被铁质交代

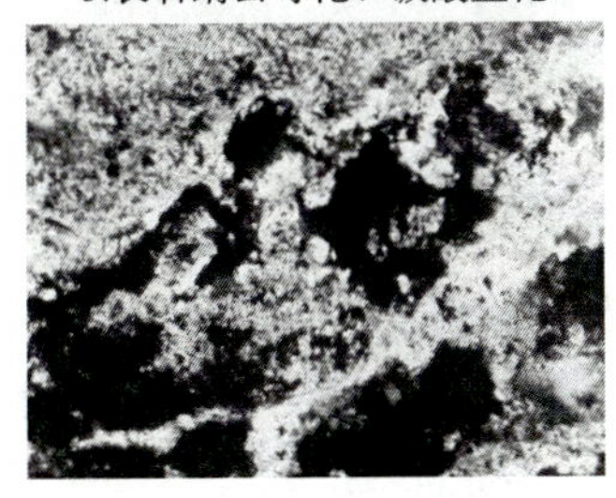

7.晚期石英-黄铁矿脉

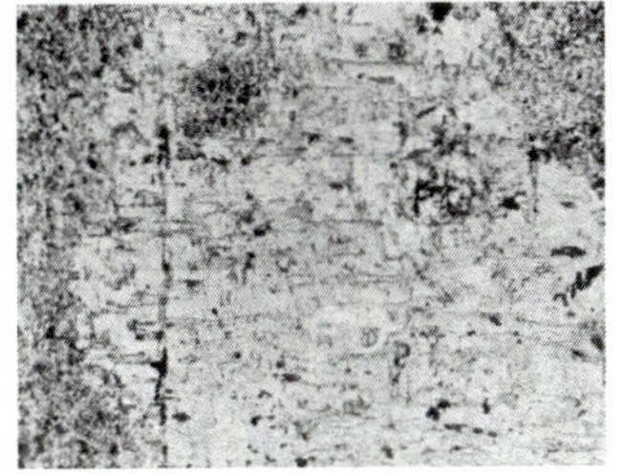

8.绿帘石沿长石条纹方向交代

照片 5-30　鸡冠山顶构造带两侧围岩蚀变岩特征

1.岩芯完整，蚀变及矿化不明显
位置：321.71~327.84m

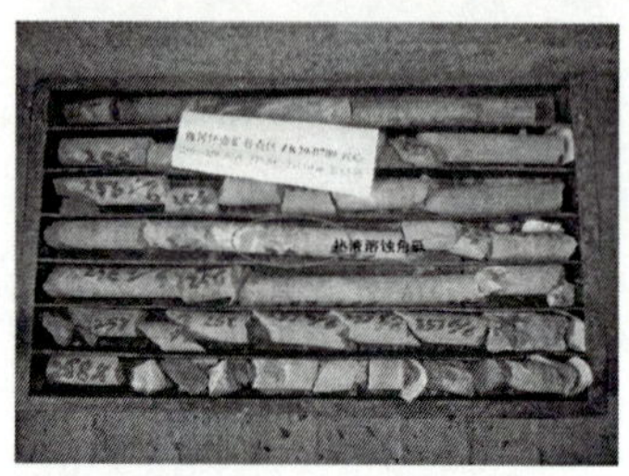

2.构造角砾岩，角砾为围岩碎块，大小混杂，多数磨圆度较差，部分被后期热液溶蚀后边缘钝化，胶结物为热液成因石英、方解石
位置：327.84~331.64m

3.构造角砾岩，角砾成分有两种。一种为未蚀变的围岩碎块，磨圆较差，大小混杂，有明显位移，可拼贴性差，其间被岩粉及热液成因物质胶结；另一种为早期蚀变岩和石英脉角砾，挤压破碎，呈大小不等碎斑，碎斑之间空隙明显，无定向，显示张性构造岩特征
位置：331.64~337.06m

4.构造角砾岩，角砾成分有两种。一种为未蚀变的围岩碎块，磨圆较差，大小混杂，有明显位移，可拼贴性差，其间被岩粉及热液成因物质胶结；另一种为早期蚀变岩和石英脉角砾，挤压破碎，呈大小不等碎斑，碎斑之间空隙明显，无定向，显示张性构造岩特征
位置：337.06~342.45m

5.上部构造角砾岩，特征同上。下部逐渐转变为节理构造带，被石英-硫化物或方解石等热液成分充填
位置：342.45~347.80m

6.上部岩石内部裂隙较发育，并被石英硫化物细脉充填；下部构造角砾发育
位置：347.80~353.32m

照片 5-31　钻孔 ZK29-0709 见矿部位自上至下构造岩分带特征

1.ZK29-0709黄铁矿胶结构造角砾岩/碎裂岩型矿石。角砾/碎斑为早期蚀变岩，后期受构造破碎，进一步细粒化，之间被晚期硫化物胶结。碎斑大小混杂，无定向，岩石内部破裂面多为不规则状、锯齿状，显示张性—张扭性构造活动特征

2.ZK29-0709黄铁矿细脉充填—角砾、碎斑胶结型矿石。特征同1

3.ZK29-0005初糜棱岩化矿石。显示S-C组构，S线理由早期矿化的乳白色石英碎斑定向排列构成；C面理被细粒黄铁矿集合体充填

照片 5-32　典型矿石结构构造特征

4）断裂构造性质对成矿条件制约

以上 M29 断裂构造形迹、构造蚀变岩特征和矿石结构构造及断裂构造应力场转换过程分析表明，M29 断裂构造经历了从张—张扭→压扭→张—张扭的多阶段断裂构造运动过程，构造岩在断裂构造多阶段运动过程中，不断被反复改造，挤压、研磨、破碎，构造带规模也在此过程中逐渐发展变大。矿石结构构造显示，伴随上述断裂构造多阶段运动，有多阶段成矿热液活动，有利于成矿物质的叠加富集。

但是，从构造岩特征上分析，M29 断裂构造内部的张—张扭性构造岩要比压扭性构造岩发育。因此，我们认为从构造层次上考虑，槐树坪矿区 M29 断裂构造应当属于浅部层次的断裂构造，虽然经历过挤压或压扭性构造活动，但总体上更多显示张性—张扭性断裂构造岩特征，此类断裂构造有利于成矿物质的沉淀聚集，但延伸程度可能有限。M29 断裂构造走向延长约 1 000m，一般情况下，浅部构造层次形成的断裂构造，其延深一般小于延长，由此推测 M29 断裂构造延深可能小于 1 000m。

5.3.2 成矿元素空间分布特征及找矿指示

1）钻孔化探原生晕取样系统

利用已经完成的钻孔岩芯，构建如图 5－8 所示钻孔化探原生晕取样系统。钻孔原生晕化探取样原则及方法与第 4 章钻孔化探原生晕找矿指示部分相同，不再赘述。

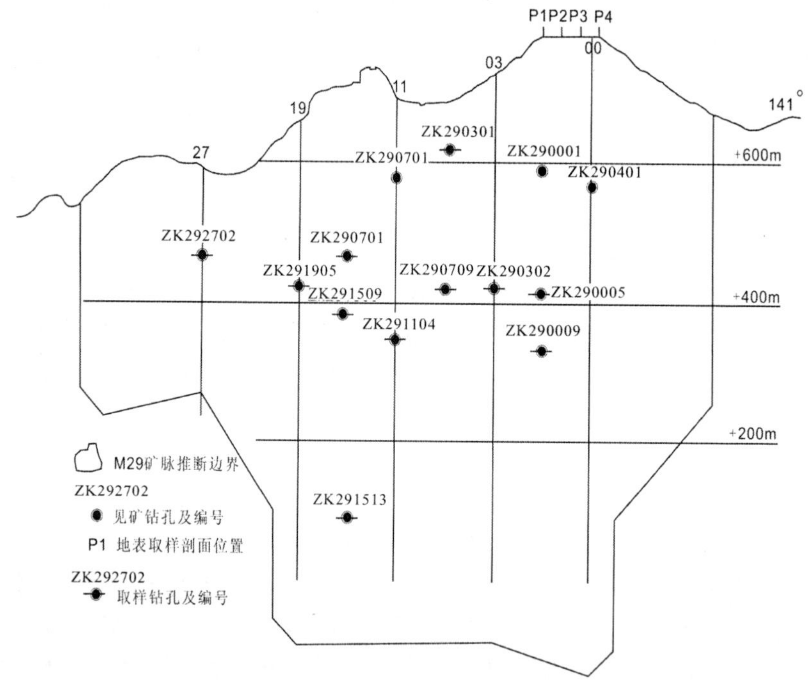

图 5－8　槐树坪矿区钻孔化探原生晕取样系统图

2）数据分析

（1）元素相关性分析。

利用 SPSS 软件对化探数据进行相关性分析，分析结果见表 5－2。由表可见，其一，99%信度下（表中带[1)]者），与 Au 显著相关的元素（Pearson 相关系数由大至小）为：Zn、Ag、Ba、As、Cu、

表 5-2 槐树坪矿区化探元素 Pearson 相关系数矩阵

元素	Au	Ag	Sn	As	Sb	Bi	Hg	W	Mo	Ba	Cr	Ni	Cu	Zn	Pb
Au	1.000	0.718[1)]	0.071	0.417[1)]	0.360[1)]	0.025	0.375[1)]	0.167	0.375[1)]	0.538[1)]	−0.070	−0.038	0.381[1)]	0.82[1)]8	0.244[2)]
Ag		1.000	−0.092	0.602[1)]	0.641[1)]	0.367[1)]	0.186	0.169	0.186	0.695[1)]	−0.030	0.019	0.682[1)]	0.792[1)]	0.429[1)]
Sn			1.000	0.005	−0.094	0.200	0.104	0.318	0.104	−0.071	0.016	−0.080	0.162	−0.080	−0.083
As				1.000	0.656[1)]	−0.032	0.234[2)]	0.293[2)]	0.234[2)]	0.424[1)]	−0.106	−0.080	0.629[1)]	0.727[1)]	0.443[1)]
Sb					1.000	−0.010	0.072	0.096	0.072	0.520[1)]	−0.103	−0.089	0.671[1)]	0.589[1)]	0.388[1)]
Bi						1.000	0.011	−0.025	0.011	−0.049	0.174	0.175	0.270[2)]	−0.029	−0.035
Hg							1.000	0.042	1.000[1)]	0.062	−0.048	−0.108	0.089	0.215	0.034
W								1.000	0.042	0.074	−0.205	−0.228	0.119	0.237[2)]	0.204
Mo									1.000	0.062	−0.048	−0.108	0.089	0.215	0.034
Ba										1.000	−0.107	−0.084	0.562[1)]	0.578[1)]	0.164
Cr											1.000	0.955[1)]	0.004	−0.118	−0.142
Ni												1.000	−0.035	−0.069	−0.124
Cu													1.000	0.579[1)]	0.426[1)]
Zn														1.000	0.473[1)]
Pb															1.000

Hg/Mo、Sb；95%信度下（表中带[2)]者），与 Au 显著相关的元素（Pearson 相关系数由大至小）：Pb；其二，与 Au 元素相关的成矿元素主要为头部晕元素 Ba、As、Sb、Hg 和近矿晕元素 Zn、Ag、Cu，尾部晕元素中只有 Mo。由此表明，M29 矿体内部 Au 在空间产出分布上主要和头部晕与近矿晕出现在一起，而与尾部晕相距较远。

（2）原生晕分带。

表 5 - 3 是根据全部化探原生晕样品（120 件），利用格里格良元素分带指数方法得到的分析结果，由表可见：原生晕分带效果不明显，代表不同分带的元素或元素组合在空间上相互叠加，与 Au 相关和不相关的元素在空间上也相互叠加，如地表＋800m 高程上，既有与 Au 显著相关的 Zn、Ag、Sb 元素，也有与 Au 不相关的 Cr、Ni 元素，因此，其找矿指示意义不明。其原因可见第 4 章原生晕分带部分解释。为此，我们采用了与东湾矿区相同的方法，即在 120 件化探原生晕样品中选择出 26 件矿化样品（Au$\geqslant 0.1\times 10^{-6}$），采用格里格良元素分带指数方法重新计算不同高程元素分带指数，见表 5 - 4。由表可见，其分带效果较采用全部化探原生晕样品的分带效果有明显改观，最重要的是找矿指示意义比较明确。＋800m 高程上，主要为头部晕 Sb 和近矿晕 Ag - Pb 组合；在＋480m 高程上，主要为尾部晕 W - Mo - Cr - Ni 元素组合；在＋420m 高程上，主要为头部晕 Ba 和近矿晕 Zn 元素组合；在＋350m 高程上，主要为尾部晕 Sn 元素；在＋200m 高程上，主要为头部晕 As - Hg 和近矿晕 Cu 元素组合；在＋100m 高程上，主要为近矿晕 Au 元素。考虑到上部高程＋800m 距离下一个高程＋480m 间距过大，其中间元素变化的可能性较大。因此，＋800m 高程→＋480m 高程元素组合变化规律有待加密取样进一步确定。但是，从＋480m→＋420m→＋350m→＋200m→＋100m，取样间距在 50～150m 之间，对元素的空间变化规律研究具有一定的意义。由此可见，从＋480m→＋420m→＋350m→＋200m→＋100m，化探原生晕表现出尾部晕→头部晕＋近矿晕→尾矿晕→头部晕＋近矿晕的规律性交替变化过程。化探原生晕分带的上述特征，可能指示 M29矿体在空间上可能由一个个串珠状的小矿体首尾相连构成，每

表 5－3　采用全部钻孔岩芯化探样品（120 件）格里格良元素分带指数表

高程（m）	Au	Ag	Sn	As	Sb	Bi	Hg (10^{-9})	W	Mo	Ba	Cr	Ni	Cu	Zn	Pb
800	0.038 5	0.854 5	0.100 5	0.417 0	0.249 4	0.471 7	0.117 3	0.051 2	0.029 5	0.519 6	0.153 5	0.439 5	0.684 3	0.104 5	0.216 2
620	0.006 8	0.594 1	0.190 1	0.764 4	0.234 4	0.092 9	0.073 4	0.122 0	0.016 7	0.764 9	0.099 8	0.266 1	0.185 4	0.089 3	0.073 2
480	0.038 5	0.362 6	0.159 9	0.362 4	0.026 3	0.079 7	0.085 2	0.046 6	0.412 8	0.753 2	0.041 3	0.126 7	0.085 4	0.102 1	0.0311 3
420	0.176 0	0.395 1	0.059 0	0.154 1	0.049 9	0.0278 9	0.046 8	0.031 3	0.133 2	0.689 1	0.021 3	0.070 8	0.197 0	0.049 3	0.038 6
350	0.103 8	0.421 6	0.122 2	0.191 5	0.022 0	0.073 7	0.080 9	0.072 2	0.183 0	0.736 2	0.038 3	0.162 1	0.241 9	0.061 9	0.030 3
200	0.084 6	0.440 3	0.123 8	0.364 2	0.178 3	0.260 7	0.136 5	0.061 8	0.092 2	0.695 9	0.068 6	0.192 5	0.765 8	0.061 7	0.033 6
100	0.425 0	0.271 5	0.080 6	0.189 8	0.024 4	0.092 0	0.025 3	0.048 9	0.020 2	0.522 9	0.029 3	0.126 5	0.057 8	0.017 9	0.010 6

表 5-4 采用矿化钻孔岩芯化探样品（26 件）格里格良元素分带指数表

高程 (m)	Au	Ag	Sn	As	Sb	Bi	Hg (10^{-9})	W	Mo	Ba	Cr	Ni	Cu	Zn	Pb
800	0.001 4	0.262 2	0.103 5	0.101 1	0.090 3	0.211 9	0.027 5	0.008 5	0.008 2	0.034 7	0.016 3	0.047 8	0.018 3	0.023 4	0.045 0
480	0.004 0	0.193 1	0.264 4	0.051 3	0.003 3	0.013 3	0.012 2	0.027 6	0.157 1	0.128 9	0.031 5	0.086 3	0.002 5	0.011 8	0.012 8
420	0.010 5	0.256 3	0.100 9	0.070 1	0.028 9	0.013 0	0.015 7	0.008 4	0.103 1	0.307 2	0.006 0	0.022 3	0.011 4	0.029 3	0.017 2
350	0.004 7	0.177 8	0.287 1	0.078 2	0.006 8	0.032 6	0.025 7	0.026 0	0.064 0	0.193 6	0.011 1	0.052 0	0.009 8	0.019 4	0.011 2
200	0.003 7	0.181 6	0.181 1	0.150 0	0.079 3	0.120 7	0.035 9	0.009 6	0.040 0	0.084 5	0.012 5	0.039 0	0.034 0	0.016 6	0.011 5
100	0.242 0	0.153 3	0.251 7	0.102 7	0.011 0	0.051 9	0.006 2	0.020 9	0.010 0	0.096 5	0.008 5	0.034 1	0.002 6	0.004 5	0.004 3

个小矿体由相对独立的头部晕→近矿晕→尾部晕构成，金矿化主要出现在近矿晕和头部晕范围，而与尾部晕关系不大。同时＋100m 原生晕分带无论是全部样品还是矿化样品均显示以 Au 元素为主，表明 M29 矿体向深部金矿化不仅没有减弱，反而增强，因此，矿体向深部仍会有延伸。

5.3.3　成矿流体温度场特征及找矿指示

1）成矿流体取样分布及样品岩石学基本特征

由于符合测试要求的对象相对较少，本次研究采集到的成矿流体温度场研究样品数量有限，图 5－9 是本次槐树坪矿区成矿流体场研究样品取样位置分布图，由图 5－9 可见，采集样品大体上可以划分为以下几个高程范围：＋800m（P2、P3 和 P4 地表样品），＋600m ±（ZK29071，ZK290301），＋400m ±（ZK291905，ZK291509，ZK290709，ZK290005）。样品采集的具体标高及基本岩石学特征见表 5-5。根据矿床矿化的四个阶段，即：钾化-硅化-浸染状黄铁矿

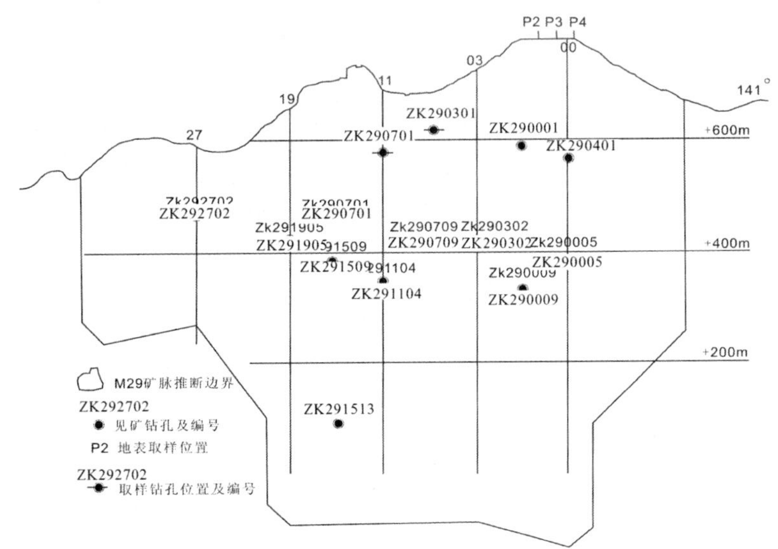

图 5－9　槐树坪矿区成矿流体场研究取样位置分布图

表 5－5　槐树坪矿区成矿流体场研究样品取样位置及基本岩石学特征

原样号	送样号	高程(m)	岩石学特征观察描述
LD09－1	HSP－LT－1	518	岩石风化面呈黄褐色，新鲜面呈灰白色，半自形全晶质结构，块状构造。主要矿物为乳白色半自形石英。岩石中可见烟灰色网脉状石英，胶结或充填于乳白色石英内部，成因不明。不同颜色的石英可能代表了两个成矿阶段产物，其中，乳白色石英为早阶段产物，网脉状石英为晚阶段产物
LD09－2	HSP－LT－2	518	岩石风化面呈土黄色，新鲜面呈灰紫色，斑状结构，块状构造。主要斑晶矿物为长石，石英，长石已粘土化，约占 3%，基质为隐晶质矿物。岩石发育硅化，黄铁矿化，黄铁矿呈稀疏浸染状分布。切片部位，岩石结构似为火山碎屑结构，碎屑成分主要为隐晶质火山熔岩，形态不规则，有火焰状者，粒径 2～3mm，胶结物为原岩岩粉。此处又一条宽约 2mm 的石英脉。根据岩石普遍硅化推测，其可能为中低温热液蚀变产物
LD09－3	HSP－LT－3	518	岩石风化面呈黄褐色，新鲜面呈肉红色，斑状结构，块状构造。主要斑晶矿物为钾长石，斜长石，部分长石已粘土化，约占 5%，基质为隐晶质矿物。岩石发育钾化，硅化黄铁矿化，明显见一条宽 5mm 的石英-黄铁矿脉，黄铁矿呈黄绿色，沿石英-黄铁矿脉壁两侧产出，石英产于此脉的中间。这种现象在其他含石英-黄铁矿脉的钾化蚀变岩中广泛出现。推测黄铁矿形成早于石英。此标本可能代表了成矿早期阶段的产物
HSP－P2－L1	HSP－LT－5	789	岩石风化面呈褐色，新鲜面呈灰白色，夹褐色。致密块状构造，交代残余结构。主要成分为石英，含量约 75%，其余为交代残留的原岩矿物及岩屑。沿岩石内部裂隙有少量褐铁矿细脉产出。此外，受地表风化影响，石英内部有被淋滤掉的矿物孔洞。推测石英为成矿晚期阶段产物
HSP－P2－L2	HSP－LT－6	789	岩石新鲜面呈灰白色，夹紫红色。致密块状构造，微晶—隐晶质结构。主要成分为石英，含量约 70%，其次为紫红色铁质成分。紫红色铁质成分主要沿石英破碎后形成的裂隙产出分布。推测石英为成矿晚期阶段硅化产物

续表 5-5

原样号	送样号	高程(m)	岩石学特征观察描述
HSP-P3-L1	HSP-LT-7	791	岩石风化面呈黄褐色,新鲜面呈灰色。致密块状构造,火山碎屑结构或斑状结构。斑晶矿物主要为长石,已粘土化,粒径1～2mm,含量5%左右。基质为隐晶质。局部见火山碎屑,碎屑物为火山熔岩、凝灰岩,粒径1～10mm,含量不详,内部发育多个方向的裂隙,裂隙被烟灰色石英充填,部分裂隙被褐铁矿物质充填。推测为成矿主阶段石英-硫化物脉体
HSP-P4-L1	HSP-LT-8	759	岩石新鲜面呈褐紫色,块状构造,碎裂状结构。主要成分为粉砂质泥灰岩,局部保留有沉积纹层。岩石蚀变程度较弱,容易刀刻。后期挤压破碎,原地裂开,裂口被碳酸盐成分充填。可能属成矿后构造活动产物
HSP-ZK290005-L1	HSP-LT-9	410	岩石新鲜面呈肉红色,斑状结构,块状构造。斑晶矿物主要为钾长石,呈肉红色,粒径1～3mm,含量约10%,基质为隐晶质。岩石硅化较强,致使岩石致密坚硬。此外,有一条宽1cm的乳白色石英脉切穿钾化硅化蚀变岩,在此石英脉两臂边缘有浅黄色硫化物呈脉状断续分布,石英脉与蚀变围岩接触部位有烟灰色蚀变晕沿脉体两侧呈带状分布。该标本可能代表了成矿早期钾化、乳白色石英-黄铁矿阶段产物
HSP-ZK290709-L1	HSP-LT-10	418	岩石呈乳白色,夹稀疏烟灰色细脉,致密块状构造。主要成分为石英,含量约98%,受挤压破碎,呈碎裂状,其间被晚阶段烟灰色石英-黄铁矿细脉充填。可能代表了成矿早期阶段和第二阶段石英的特点
HSP-ZK291905-L1	HSP-LT-11	419	岩石呈灰紫色,致密块状构造,可能为碎屑结构(需要镜下查证)。内部见两条细脉,一条产状较缓,宽约6～8mm,斜切岩芯,脉壁明显呈锯齿状,脉内两种热液成分泾渭分明,下脉壁为黄绿色黄铁矿中细粒黄铁矿集合体呈脉状沿脉壁产出,向上几乎全部为乳白色石英,似有岩浆热液成因矿石中的单向固结结构特征。另一条细脉,脉宽约4～5mm,陡倾,垂直岩芯产出,主要矿物有石英、方解石,脉体局部沿脉壁有黄铁矿集合体团块产出

续表 5-5

原样号	送样号	高程（m）	岩石学特征观察描述
HSP-ZK291509-L1	HSP-LT-12	384	岩石呈灰色、灰白色，斑状结构，块状构造。斑晶矿物为长石，已叶腊石化、粘土化，含量5%左右。基质为隐晶质。内部见两条张裂隙，平行岩芯方向产出，被方解石充填，其内含原岩角砾，呈棱角状，大小混杂。测温对象应为方解石脉体，属成矿晚期阶段产物
HSP-ZK291509-L2	HSP-LT-13	384	岩石呈肉红色，致密块状构造，碎裂结构、胶结角砾结构。岩石硅化钾化、硅化较强烈，致使原岩结构不清。内部见一条宽6～10mm的张裂隙，其内被石英-方解石充填，其内有原岩角砾，多呈次棱角状，为热液溶蚀所致。硫化物甚微
HSP-ZK290301-L1	HSP-LT-14	622	岩石呈烟灰色，致密块状构造。原岩强烈硅化、绿泥石化、绢云母化、黄铁矿化，蚀变呈面状分布，局部见石英网脉叠加其上。黄铁矿呈微细粒浸染状分布。可能代表了成矿主阶段蚀变矿化特征
HSP-ZK290701-L1	HSP-LT-15	464	岩石呈乳白色，夹烟灰色、黄绿色石英-黄铁矿细脉。致密块状构造，碎裂状结构。主要成分为粗粒石英，乳白色特征显著，受压破碎产生多条近水平的裂隙，被后期烟灰色石英-黄铁矿充填。黄铁矿呈黄绿色，中粗粒，沿裂隙呈脉状集合体产出分布。典型成矿早期阶段流体沉淀产物
HSP-M3-1	HSP-LT-16	657	样品保留不全。残留样颜色呈红褐色，角砾胶结构造。角砾成分主要为已风化呈铁帽状的原岩成分。之间被乳白色石英脉充填胶结。硫化物甚微。可能为成矿早期阶段的石英脉

化阶段、乳白色石英-团块状黄铁矿阶段（两者均属早期成矿阶段）、烟灰色石英-多金属硫化物阶段（也称主成矿阶段）、石英-碳酸盐阶段（也称晚期成矿阶段）。可将本次取样样品划分为成矿早、中、晚三个阶段。不同阶段代表性矿石宏观特征如照片5-33所示。

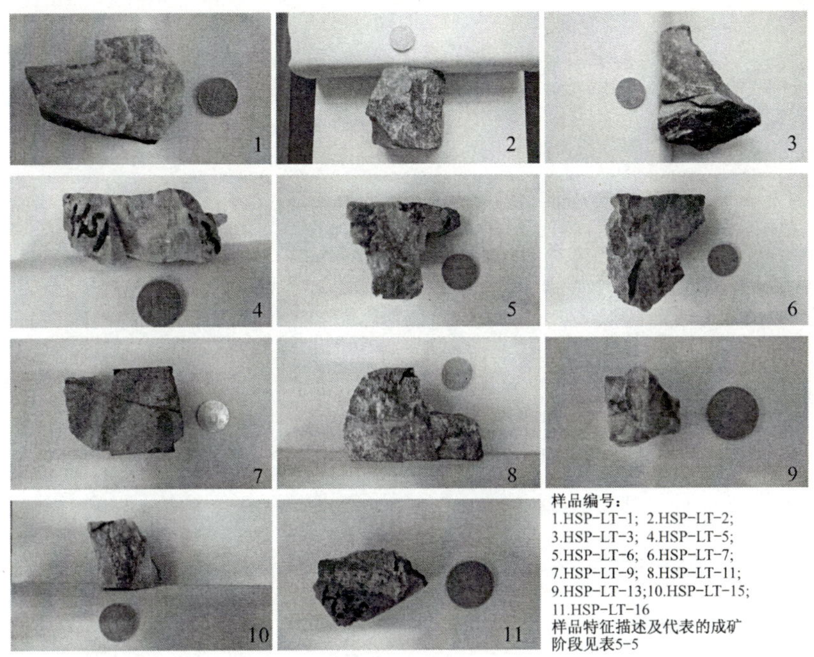

照片 5-33　槐树坪矿区不同成矿阶段代表性矿石宏观特征照片

2）流体包裹体特征

矿区流体包裹体寄主矿物为石英，基本上全部包裹体都是气液两相包裹体 H_2O（V）＋H_2O（L）。也可见含液态 CO_2 的三相包裹体但数量较少。包裹体整体呈群状分布，也有呈线状和孤立状分布。矿区气液两相包裹体数量较多，但个体较小，大部分在 3～8μm 之间，多为椭圆形，亦可见负晶形，少数包裹体呈近三角形和不规则状，均一相态为液态。气液比在 15%～40%，有少数包裹体气液比超过 45%。镜下包裹体相态及分布特征见照片 5-34。流体包裹体观察统计特征见表 5-6。

3）成矿流体成分及物理化学性质

（1）流体成分特征。

本次包裹体成分测试共选取代表 3 个成矿阶段的石英流体包裹体

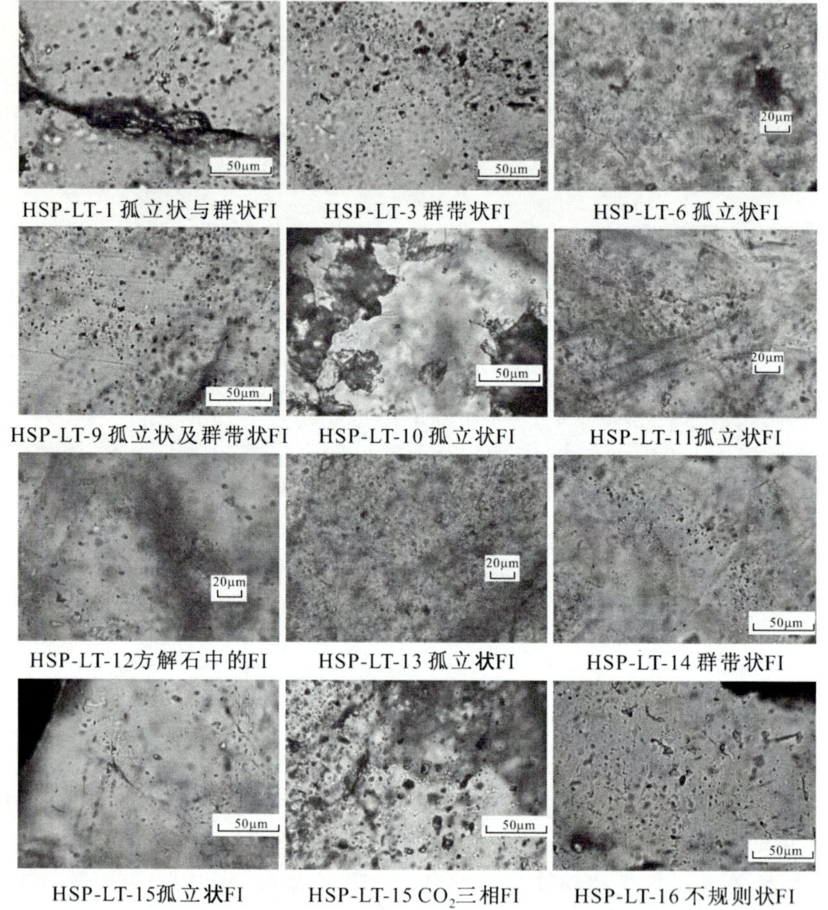

照片 5-34　槐树坪矿区流体包裹体产出分布特征照片

样品共 4 件，测试单位为中国地质科学院矿产资源研究所，其中包裹体气相成分测试仪器为日本岛津公司 GC2010 气相色谱仪和澳大利亚 SGE 公司热爆裂炉，标准物质来源为国家标准物质研究中心；包裹体液相成分测试仪器为日本岛津公司 Shimadzu HIC-SP Super 离子色谱仪，标准物质来源为国家标准物质研究中心。流体包裹体气液相成分测试分析结果见表 5-7 和表 5-8。

表5-6 矿区流体包裹体测试记录表

样品编号	寄主矿物	包裹体类型	包裹体形态	大小（μm） 观测个数	平均气液比（%）	平均均一温度（℃）
HSP-LT-1	石英	气液两相	椭圆/不规则	3～6 19	10～35	325.7
HSP-LT-2	石英	气液两相	椭圆/不规则	4～10 17	10～30	342.7
HSP-LT-3	石英	气液两相	椭圆/不规则	3～8 16	15～50	322.5
HSP-LT-4	石英	不宜观测				
HSP-LT-5	石英	气液两相	椭圆/不规则	4～7 19	10～20	216.2
HSP-LT-6	石英	气液两相	椭圆/不规则	3～5 19	10～20	184.2
HSP-LT-7	石英	气液两相	椭圆/长条状	4～16 19	7～35	314.1
HSP-LT-8	石英	不宜观测				
HSP-LT-9	石英	气液两相	椭圆/不规则	4～8 18	10～45	262.4
HSP-LT-10	石英	气液两相	椭圆/负晶	3～6 13	5～40	198.5
HSP-LT-11	石英	气液两相	椭圆/负晶型	3～8 20	15～55	357.5
HSP-LT-12	石英	气液两相	椭圆/负晶	4～8 17	15～45	155.6
HSP-LT-14	石英	气液两相	椭圆	3～8 15	10～60	201.9
HSP-LT-15	石英	气液两相	椭圆/负晶	4～12 20 14	15～65	318

表 5-7 槐树坪金矿区不同成矿阶段流体包裹体气相成分分析结果表

成矿阶段	样品号	均一温度(℃)	气相成分(μg/g)						气体总量(10^{-6}mol/g)
			CH_4	$C_2H_2+C_2H_4$	C_2H_6	CO_2	H_2O	CO	
成矿早阶段	HSP-LT-15	307.09	0.11	0.03	微量	18.08	81.78	0	11.75
主成矿阶段	LT-9	280.60	0.20	0.05	微量	26.97	72.78	0	7.66
成矿晚阶段	HSP-LT-5	216.17	0.18	0.03	微量	14.80	84.99	0	19.95
	LT-10	198.50	0.08	0.01	微量	10.83	89.08	0	10.28
	平均值(μg/g)		0.15	0.02	微量	13.46	86.37	0	15.12

表 5-8 槐树坪金矿区不同成矿阶段流体包裹体液相成分分析结果表

成矿阶段	样品号	均一温度(℃)	液相成分(μg/g)										
			Li^+	Na^+	K^+	Mg^{2+}	Ca^{2+}	F^-	Cl^-	NO_2^-	Br^-	NO_3^-	SO_4^{2-}
成矿早阶段	HSP-LT-15	307.09	0	21.412	8.126	0	0	0.127	13.921	0	0.147	0.100	58.837
主成矿阶段	LT-9	280.60	0	5.089	3.646	2.194	16.428	0.371	13.864	0	0.240	1.402	8.585
成矿晚阶段	HSP-LT-5	216.17	0	3.247	1.557	0	8.470	0.356	10.122	0	0.108	0.356	8.165
	LT-10	198.50	0	12.425	8.184	0	0	0.128	5.337	0	0	0.101	34.332
	平均值(μg/g)		0	7.836	4.871	0	4.235	0.242	7.730	0	0.054	0.229	21.249

从表 5-7 和表 5-8 中可以看出，本区包裹体气相成分以 CO_2、H_2O、O_2、N_2 为主，含少量 CH_4、C_2H_2、C_2H_4、C_2H_6，液相成分以 Na^+、K^+、SO_4^{2-}、Cl^- 为主，少量 Ca^{2+}、F^-、NO_3^-、Br^-，根据前人研究成果（张德会等，1998），以上述这些离子为主的成矿热液有较强的溶解成矿物质的能力。包裹体液相成分中，$w(SO_4^{2-}) > w(Cl^-)$、$w(F^-)$ 和 $w(Br^-)$，而敖翀认为 SO_4^{2-} 的含量反映的是与金元素迁移有关的 HS^- 离子的含量，因而可以推断，金在成矿流

体中以硫氢络合物形式迁移的可能性较大。

从相关流体包裹体成分的比值来分析判断矿床成矿流体物质来源上，前人做了大量的研究工作（翟建平等，1996；王长明等，2006），普遍认为当［$w(Na^+)/w(K^+)$］<2，［$w(Na^+)/w(Ca^{2+}+Mg^{2+})$］>4 时，为岩浆热液型；当［$w(Na^+)/w(K^+)$］>10，［$w(Na^+)/w(Ca^{2+}+Mg^{2+})$］<1.5 时，为热卤水型；当 2<［$w(Na^+)/w(K^+)$］<10，1.5<［$w(Na^+)/w(Ca^{2+}+Mg^{2+})$］<4 时，可能为层控热液型或是沉积型。而本区（表 5-9）$w(Na^+)/w(K^+)$ 比值介于 1.40～2.63 之间，$w(Na^+)/w(Ca^{2+}+Mg^{2+})$ 比值只有两个样品可以计算，分别为 0.27 和 0.28，另外两个由于没有 Ca^{2+} 和 Mg^{2+}，故无法计算，因此，这个比值只供参考，再结合 $w(Cl^-)/w(F^-)$ 的比值，$w(Cl^-)/w(F^-)$ 是>1 的，再根据前人研究成果，基本可以判断本矿床成矿流体来源上以岩浆热液为主，可能还混有其他热液来源。成矿流体来源与东湾矿区流体来源（见第 4 章）相近。

表 5-9　槐树坪金矿区不同成矿阶段流体包裹体特征成分比值结果表

成矿阶段	样品号	$w(CO_2)/w(H_2O)$	$w(Na^+)/w(K^+)$	$w(Na^+)/w(Ca^{2+})$	$w(Na^+)/w(Ca^{2+}+Mg^{2+})$	$w(Cl^-)/w(F^-)$
成矿早阶段	HSP-LT-15	0.22	2.63			109.61
主成矿阶段	LT-9	0.37	1.40	0.31	0.27	37.37
成矿晚阶段	HSP-LT-5	0.17	2.09	0.38	0.38	28.43
	LT-10	0.12	1.52			41.70
	范围	0.12～0.17	1.52～2.09	0.38	0.38	28.43～41.70
	平均值	0.15	1.81	0.38	0.38	35.07
范围		0.12～0.37	1.40～2.63	0.31～0.38	0.27～0.38	28.43～109.61
平均值		0.22	1.91	0.35	0.33	54.278

通过前人研究，区域内邻近的前河金矿、店房金矿、萑香洼金矿、上宫金矿、栗子沟金矿等（卢欣祥等，2003）矿床中流体包裹体

都体现出中低温、低盐度、低压、低密度，成矿热液来源以岩浆热液为主还混有大气水等外来热液来源。本矿床也是基本符合这些特征的。

（2）流体包裹体物理化学参数。

流体包裹体的参数 pH 值、Eh 值等物理化学参数的计算一直处于探索阶段，国内外学者对其进行了研究，总结出一些经验公式和图解（李秉伦等，1982，1986）。国内学者刘斌对前人的研究作了总结，得出简单体系下水溶液包裹体 pH 值和 Eh 值以及氧逸度（$\lg f_{O_2}$）和氢逸度（$\lg f_{H_2}$）的经验计算公式（刘斌等，2001）。本书利用这些公式计算出本区不同成矿阶段的流体包裹体 pH 值、Eh 值、氧逸度（$\lg f_{O_2}$）、氢逸度（$\lg f_{H_2}$）、还原参数，结果见表 5 - 10。

表 5 - 10　槐树坪金矿区不同成矿阶段流体包裹体物理化学参数计算结果表

成矿阶段	样品号	均一温度（℃）	pH	$\lg f_{O_2}$	$\lg f_{H_2}$	还原参数
成矿早阶段	HSP - LT - 15	307.09	5.96	−11.4	2.0	0.007 7
主成矿阶段	LT - 9	280.60	5.85	−13.0	2.8	0.009 3
成矿晚阶段	LT - 10	198.50	5.77	−15.0	3.8	0.008 6

纯水中性点 pH 值随温度变化而变化，根据梅桂友、李春芳等（1994，1999）的研究成果，得出在 300℃、200℃以及 198℃下纯水中性 pH 值分别为 5.04、5.12、5.46，可见从成矿早阶段到成矿晚阶段，成矿流体整体呈现弱碱性，有向弱酸性转变的趋势，从还原参数来看，经历了由小变大再变小的过程，在主成矿阶段，还原参数是最大的，因此还原性也是最强的。从早阶段到晚阶段，氧逸度（$\lg f_{O_2}$）由大变小，氢逸度（$\lg f_{H_2}$）由小变大，但总体反映成矿环境为弱还原环境。

（3）冰点温度和盐度。

据前人研究成果（Collins，1979；Rodder，1984；Diamond，1994），冷冻法是确定 NaCl - H_2O 水盐体系流体包裹体盐度的主要

方法，通过测定流体包裹体冰点温度以获得盐度数据。需要说明的是，本书冰点测试的主要是原生气液两相包裹体，从包裹体成分来看，本区气液包裹体可以看作是 NaCl 的水盐体系，所以可以利用前人在 NaCl 的水盐体系前提下的各种物理化学计算公式及参数。

本区流体包裹体冰点温度的测试是在中国地质大学（武汉）流体地质学实验室进行的，使用仪器为英国产 LinkamTH600 冷热两用台。本次测试的石英流体测温样品为 7 个，这 7 个样品包括了成矿的 3 个阶段，利用冷冻法对每个流体测温片中容易观察的原生气液包裹体进行冰点温度的测试，测试个数为 16～20 个，测试结果见表 5 - 11，通过 Potter *et al*. （1977）的盐度计算公式，求得流体盐度值（S）：

$$S(\omega\%\mathrm{NaCl})=1.7695|T_i|-4.2384\times10^{-2}|T_i|^2+5.2778\times10^{-4}|T_i|^3$$

式中：S——盐度；

T_i——冰点温度。

从表 5 - 11 中可以看出，本区成矿早阶段流体均一温度为 307.09～347.80℃，平均值为 327.45℃，盐度范围为 7.50%～12.50%，平均值为10.61%；主成矿阶段流体均一温度为201.90～

表 5 - 11　槐树坪金矿区不同成矿阶段流体包裹体盐度测试结果表

成矿阶段	样品号	均一温度（℃）		冰点温度（－℃）		盐度（%）	
		范围	均值	范围	均值	范围	均值
成矿早阶段	HSP - LT - 15	307.09～347.80	327.45	5.00～10.00	7.64	7.50～12.50	10.61
	LT - 11						
主成矿阶段	LT - 9	201.90～287.79	256.76	4.00～8.00	6.20	5.00～12.00	8.84
	HSP - LT - 11						
	HSP - LT - 14						
成矿晚阶段	LT - 10	198.50～249.80	224.15	7.00～10.00	8.47	7.50～15.00	11.04
	LT - 12						

287.79℃，平均值为256.76℃，盐度范围为5.00%～12.00%，平均值为8.84%；成矿晚阶段流体均一温度为198.50～249.80℃，平均值为224.15℃，盐度范围为7.50%～15.00%，平均值为11.04%。全区盐度平均值为9.90%。

卢欣祥、尉向东（2003）等在研究小秦岭-熊耳山地区地幔流体特征时，总结出本区构造蚀变岩型金矿床包裹体特征为：包裹体类型较简单，以气液比较小的气液包裹体为主，包裹体个体较小，均一温度为260～270℃，盐度跨度范围大，为4%～17%，多数为9%～14%。孟宪锋、邓军等在研究嵩县南部金成矿条件中述及到，嵩县南部的庙岭金矿（蚀变岩型金矿）包裹体类型为气液包裹体，个体小，气液比为5%～20%，均一温度平均值为232℃。燕建设等（2005）在马超营断裂带金矿研究中也论述到该区包裹体个体小，类型简单，均一温度为260℃左右，盐度普遍较低，一般为4.3%～6.6%。可见，本矿区包裹体基本特征与区域上其他矿床的基本类似。

（4）密度和压力。

据前人研究成果（张文淮等，1993），自然界中盐类流体包裹体虽然复杂，但是绝大部分都是含NaCl的水盐体系。刘斌、段光贤等（1987）利用大量水盐体系溶液的实验数据，采用数值插值、最小二乘法等计算方法，得到了含盐度≤25%的$NaCl-H_2O$溶液包裹体的密度式和等容式。其密度计算公式为：

$$D=\mathrm{A}+\mathrm{B}t+\mathrm{C}t^2$$

式中：D——流体密度（g/cm^3）；

t——均一温度（℃）；

A、B、C——为无量纲常数，它们是盐度的函数：

$$\mathrm{A}=0.993\,531+8.721\,47\times10^{-3}S-2.439\,75\times10^{-5}S^2$$

$$\mathrm{B}=7.116\,52\times10^{-5}-5.220\,8\times10^{-5}S+1.266\,56\times10^{-6}S^2$$

$$\mathrm{C}=-3.499\,7\times10^{-6}+2.121\,24\times10^{-7}S-4.523\,18\times10^{-9}S^2$$

式中：S——流体盐度（%）。

其等容式为：

$$P=\mathrm{a}+\mathrm{b}t+\mathrm{c}t^2$$

式中：P——压力（bar）；

t——成矿温度（℃）；

a、b、c——为无量纲常数，不同盐度、密度下的 a、b、c 参数值可见刘斌、段光贤文章《NaCl－H_2O 溶液包裹体的密度式和等容式及其应用中》所注明的数值。

目前流体密度和压力的计算可用 Flincor 软件进行，该软件就是利用上述原理设计出来的，本书密度和压力的计算利用了该软件。计算结果见表 5－12。

表 5－12　槐树坪金矿区不同成矿阶段流体包裹体密度和压力计算结果表

成矿阶段	样品号	密度（g/cm^3）		压力（MPa）	
		范围	均值	范围	均值
成矿早阶段	HSP－LT－15	0.720～0.850	0.785	101～155	128
	LT－11				
主成矿阶段	LT－9	0.808～0.931	0.871	66～70	68
	HSP－LT－11				
	HSP－LT－14				
成矿晚阶段	LT－10	0.905～0.951	0.928	21～38	30

从表 5－12 中可以看出，本区成矿流体密度范围为 0.785～0.928g/cm^3，主成矿阶段流体密度均值为 0.871g/cm^3，说明本区成矿流体属低密度流体，且变化范围相对较小，说明成矿环境较稳定，从早阶段到晚阶段，流体密度由小到大。成矿压力范围为 21～155MPa，其中主成矿阶段成矿压力范围为 66～70MPa，从早阶段到晚阶段，成矿压力有减小的趋势。根据地压梯度的变化规律，按照平均地压梯度 27MPa/km 换算，得出本区成矿深度范围为 0.8～5.7km，其中主成矿阶段成矿深度范围为 2.4～2.6km。

4）成矿流体温度场空间分布特征及找矿指示

图 5－10 是槐树坪矿区均一温度分布直方图，与东湾矿区 M1 矿脉组成矿流体温度场相似，从下至上，成矿流体温度逐渐下降。但

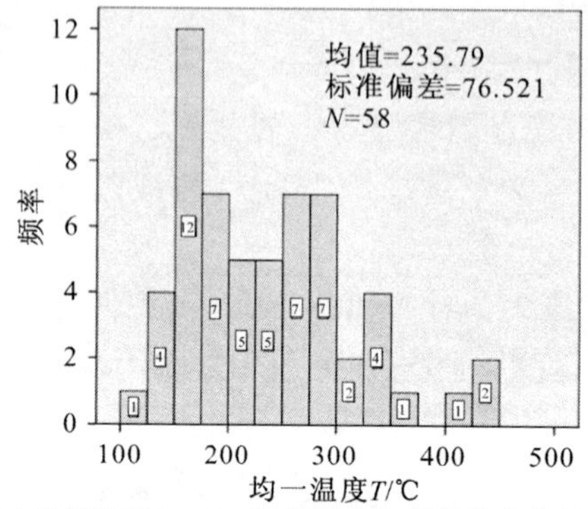

(a) 槐树坪700~800m高程流体包裹体温度统计直方图

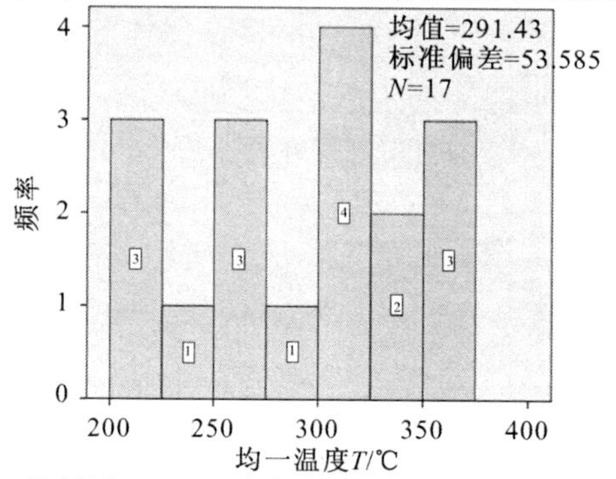

(b) 槐树坪600~700m高程流体包裹体温度统计直方图

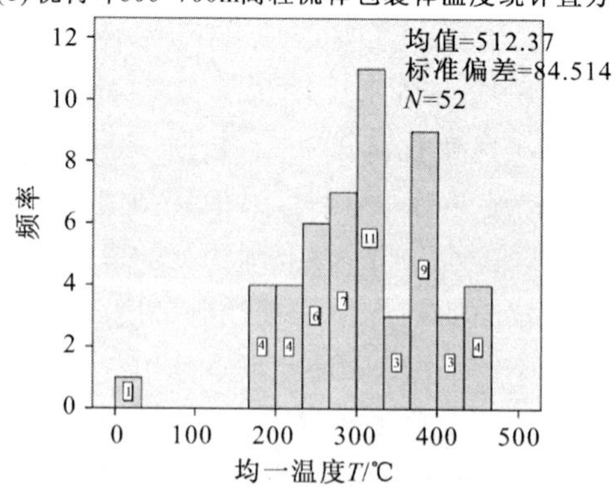

(c) 槐树坪400~500m高程流体包裹体温度统计直方图

图 5－10　槐树坪矿区不同标高成矿流体均一温度分布直方图

是，温度下降梯度较快，从标高＋400m 的 310℃降至＋800m 的 230℃，温降速率大约为 20℃/100m，而东湾矿区在 400m 区间内，成矿流体温度基本上没有明显的变化。本书认为，导致其温度场变化较快的原因可能与 M29 断裂构造性质有关，即成矿期主要为张—张扭性构造应力场，表现为张—张扭性断裂活动。张—张扭性构造应力场条件下，形成的构造通道更加开放，更加有利于成矿流体的运移，有利于热扩散的进行。同时，成矿流体温度场变化较为快速，也有利于成矿物质的沉淀集聚，因此，M29 矿脉 Au 矿化强度也相对较好。但是，与压—压扭性断裂构造相比，其延伸的程度应当有限。

此外，从目前造山带型金矿床以及侵入岩有关的金矿床成矿温度变化范围来看，一般集中在 250～400℃之间（据 Craig Hart 在武汉矿床模型与找矿勘探讲座资料），如果按 20℃/100m 成矿流体增温速率估算，成矿流体达到 400℃尚需向下延伸 400m 左右，即由目前取样高程＋400m，下降到高程 0m 左右，由此推测 M29 矿脉 Au 矿化的有利深度可能集中在目前地表之下的 800m 深度之内，这个延伸深度要比 M29 矿脉的走向延长（约 1 000m）略低，与上文在断裂构造性质对成矿条件制约中得出的认识基本上一致。

5.3.4　黄铁矿成分特征及找矿指示

鉴于东湾矿区黄铁矿 As、Co、Ni 成分及其微量元素比值空间分布上较为明显的变化规律，为此，在槐树坪矿区我们继续采用了这一方法，在不同高程上的矿化钻孔岩芯中采集黄铁矿成分分析样品 23 件，分析了 8 种常见的成矿元素，测试结果见表 5－13。

为进一步挖掘矿化空间变化规律，为深部矿体找矿评价提供依据，在此进一步借鉴东湾矿区黄铁矿成分研究方法，选择黄铁矿矿物中常见的并具有成因指示意义的 As、Co、Ni 微量元素以及金矿床主要成矿元素 Au 和 Ag 开展微量元素测试。为确保测试数据精度，测试样品黄铁矿单矿物集合体重量不少于 1g，测试工作在中国冶金地质总局地球物理勘查院测试中心完成，测试仪器为 PEAA－600 原子吸收分光光度计，测试结果见表 5－7。

表 5-13 槐树坪矿区金矿化岩芯样品黄铁矿微量元素含量及特征元素比值

样品号	检测项目及结果 w (B) /10^{-6}								As/	Au/	高程
	Ag	Co	Cu	Ni	Pb	Zn	As	Au	(Co+Ni)	Ag	(m)
PY-5-1	38.32	191.3	129.9	21.95	3 070	1 491	63.39	0.42	0.30	0.01	266
PY-5-2	70.69	214.3	276.9	47.14	9 979	2 947	218.9	3.16	0.84	0.04	266
PY-6	8.96	68.04	91.08	47.35	121.0	68.62	331.9	0.10	2.88	0.01	594
PY-7-1	10.32	75.87	52.84	2.25	377.1	61.22	76.02	3.33	0.97	0.32	464
PY-7-2	6.17	100.9	66.44	5.59	371.6	46.14	209.8	2.77	1.97	0.45	464
PY-8-1	6.19	168.5	43.53	115.6	183.2	60.26	39.52	0.34	0.14	0.05	278
PY-8-2	10.67	203.7	65.47	129.1	253.5	63.8	98.51	0.48	0.30	0.05	278
PY-9	3.51	22.42	50.32	9.28	139.1	137.4	558.9	0.21	17.63	0.06	622
PY-10-1	1.93	143.3	147.7	8.73	135.1	49.17	134.2	2.54	0.88	1.32	419
PY-10-2	5.21	132.1	69.32	15.47	385.0	67.77	130.0	0.32	0.88	0.06	419
PY-11-1	29.42	129.2	808.0	83.66	1 087	263.1	63.83	0.84	0.30	0.03	384
PY-11-2	41.81	143.7	1 755	62.16	1 869	1 286	105.3	4.08	0.51	0.10	384
PY-12-1	36.81	125.1	236.7	63.34	1 267	1 258	312.8	6.49	1.66	0.18	566
PY-12-2	50.43	140.8	157.6	59.96	772.0	336.2	353.6	96.1	1.76	1.90	566
DW-ZK8008	24.65	22.27	10.86	15.51	287.9	131.8	36.93	1.24	0.98	0.05	-110
DW-ZK8404	65.44	15.38	328.5	33.07	10 341	6 277	1 048	2.68	21.62	0.04	7
DW-ZK8602	147.4	43.85	4 339	27.27	2 388.9	553.9	155.6	1.33	2.19	0.01	140
DW-ZK8805	10.38	25.79	760.9	5.81	251.2	61.91	188.0	1.87	5.95	0.18	-18
HSP-ZK290005	11.15	322.9	417.4	16.97	178.8	143.2	138.4	2.17	0.41	0.19	410
HSP-ZK290709	54.55	118.5	92.23	62.27	646.0	233.4	33.78	338	0.19	6.19	418
HSP-M29-P2	36.37	197.5	1 465	16.09	11 064	192.6	377.9	3.27	1.77	0.09	789

图5-11、图5-12、图5-13、图5-14、图5-15是根据表5-7所做的不同元素及元素比值随高程变化的散点图。由图可见，垂向上，由浅至深，As元素具有明显的由高→低的变化趋势；Co元素变化范围较大，变化趋势不明显；Ni元素变化范围也较大，但总体上

具有由低→高的变化趋势；As/（Co+Ni）比值相对较集中，但总体上显示由高→低的变化趋势；Au/Ag 比值变化范围较大，但总体上显示由低到高的变化趋势。

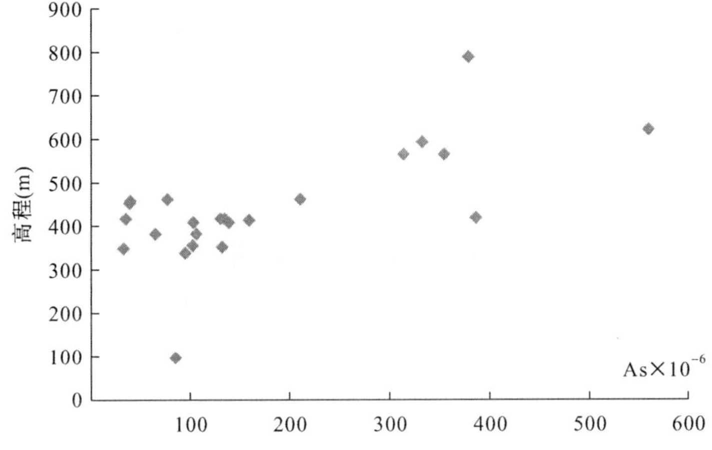

图 5-11　黄铁矿中 As 含量随高程变化散点图

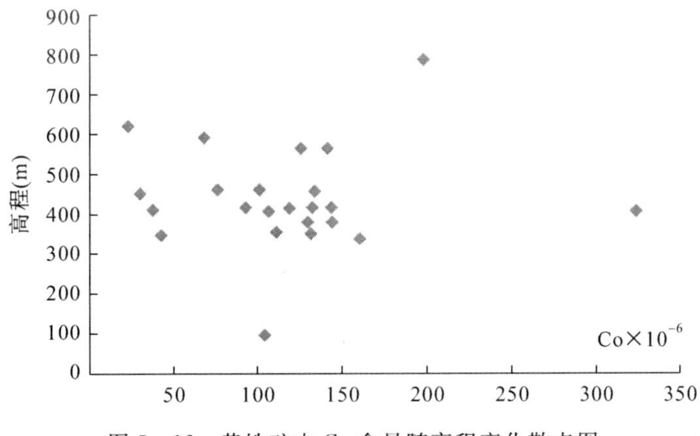

图 5-12　黄铁矿中 Co 含量随高程变化散点图

为进一步揭示 Au 元素含量随高程变化的趋势，选择 Au 元素及相关分析中与 Au 元素相关性最好的 Zn、Ag 元素，做其随高程变化

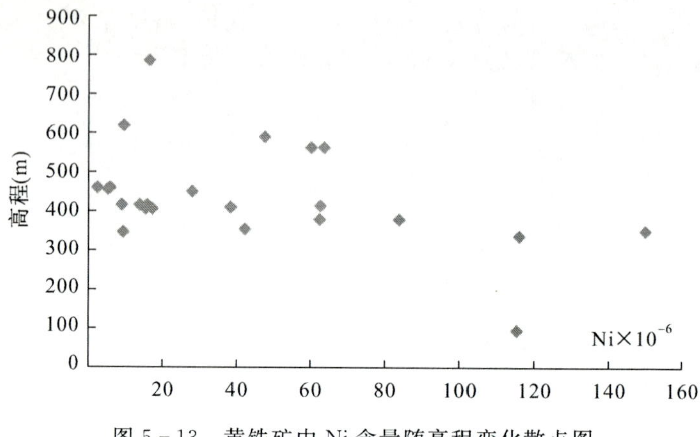

图 5-13　黄铁矿中 Ni 含量随高程变化散点图

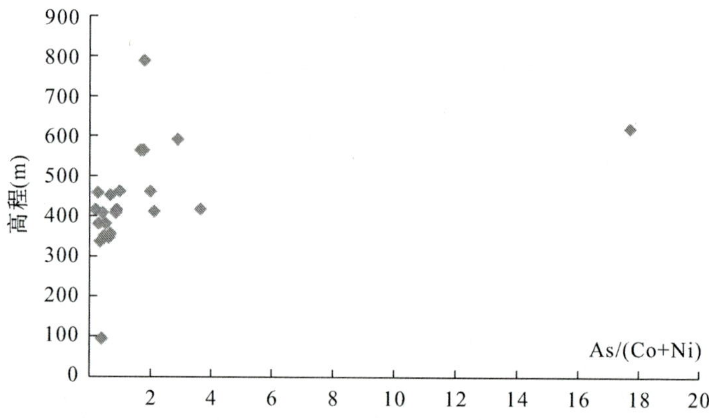

图 5-14　黄铁矿中 As/（Co+Ni）比值随高程变化散点图

散点图，见图 5-16、图 5-17 和图 5-18。由图可见，Au 和 Zn 变化范围相对较小，去除几个高值离散点，剩余点随高程基本上没有大的变化，集中在一个相对稳定的区间之内。Ag 元素随高程变化范围较大，但也没有明显的变化趋势。由此推测，向深部 Au 元素含量可能变化不大，较为稳定。

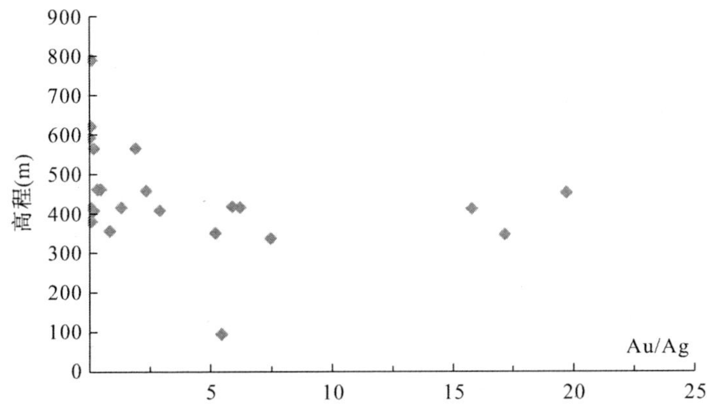

图 5-15　黄铁矿中 Au/Ag 比值随高程变化散点图

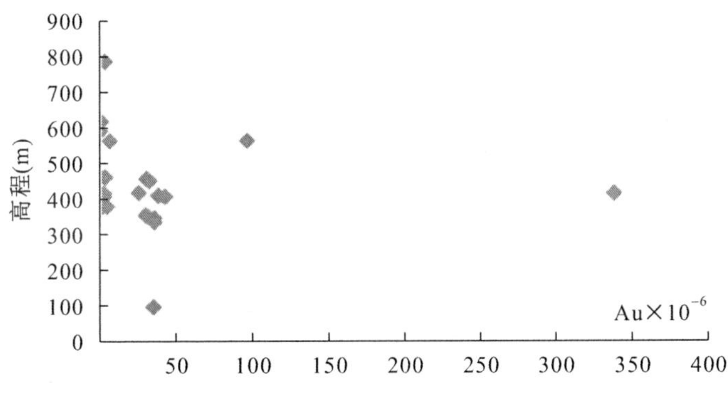

图 5-16　黄铁矿中 Au 元素含量随高程变化散点图

5.3.5　矿体空间变化规律

图 5-19、图 5-20 和图 5-21 是一组反映 M29 矿脉垂直纵投影方向矿化空间变化特征的等值线图，其中，矿体厚度等值线图显示，沿倾向方向 M29 矿体呈串珠状产出，出现多个厚度中心，矿体厚、薄相间产出，标高＋600m 以上，厚度中心相间约 100m，标高＋400m 附近可能存在一个矿体膨大部位，该矿体膨大部位中心距上一个矿体厚度中心间距约 200m。矿体厚度中心基本在一条直线之上，

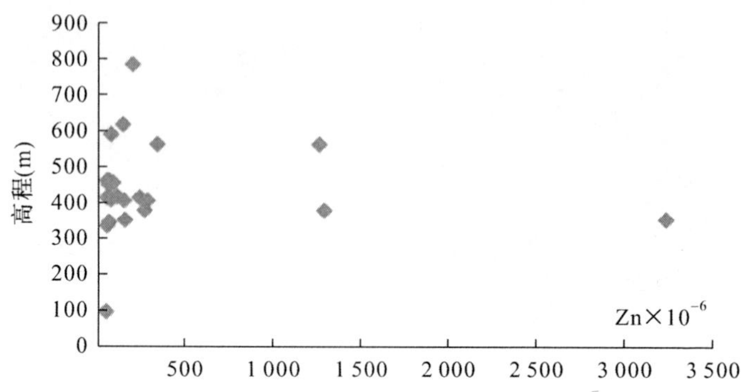

图 5-17　黄铁矿中 Zn 元素含量随高程变化散点图

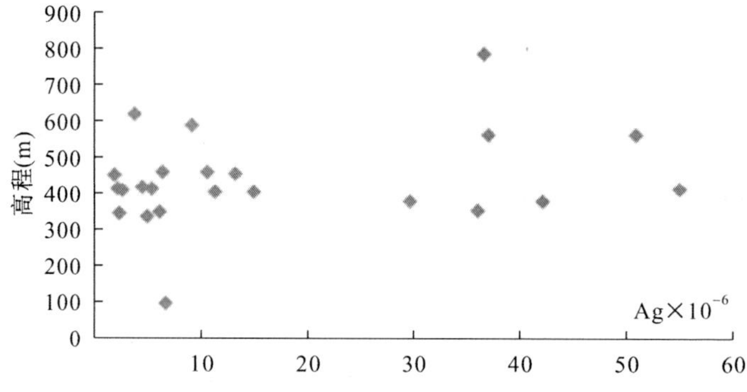

图 5-18　黄铁矿中 Ag 元素含量随高程变化散点图

总体向北西侧伏，侧伏角大致在 65°～70°之间。矿体厚度等值线变化图揭示的矿体空间分布特征与前面化探原生晕分带揭示的矿体空间分布认识一致。

在矿体品位空间变化等值线图上（图 5-20），M29 矿体上下各有一个 Au 矿化富集中心，一个在 720～650m 之间；另一个在 420m 以下未封闭。两个富集中心之间 600～500m 范围为 Au 贫化段（此范围目前钻孔较少，因此，该贫化段有可能与钻孔控制程度不够有关）。标高 +400m 向下，Au 品位等值线向下明显呈散开趋势，表明 +400m之下，Au 矿化不会迅速贫化，应有较好的延伸程度。

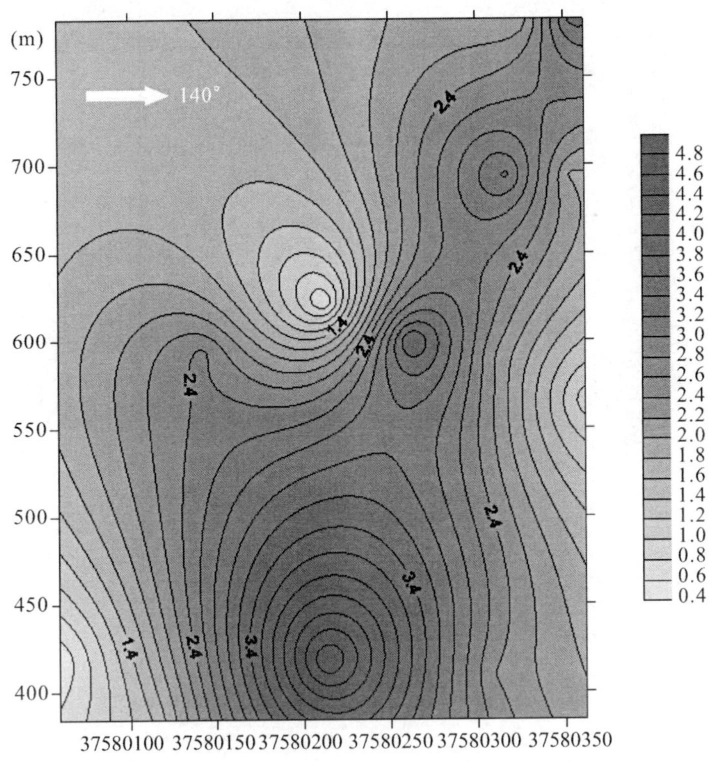

图5-19　槐树坪矿区M29矿体厚度等值线纵投影图

在厚度品位乘积等值线图上（图5-21），与Au品位空间变化特征相近，明显可以分为上、下两个矿化强度中心，二者长轴延伸方向不一致，呈钝角相交。但是，下部矿化强度等值线同样没有明显的圈闭趋势，说明向深部Au矿化不会迅速减弱。

5.3.6　M29矿脉深部找矿潜力总体评价

断裂构造控矿条件分析表明，M29断裂构造的构造岩主要以张—张扭性构造应力场条件下形成的断层角砾岩为特征，而典型的压扭性构造应力场条件下形成的断层碎裂岩、碎粉岩、断层泥不发育。此外，矿石结构构造特征显示，M29矿脉矿石以角砾胶结构造和脉状

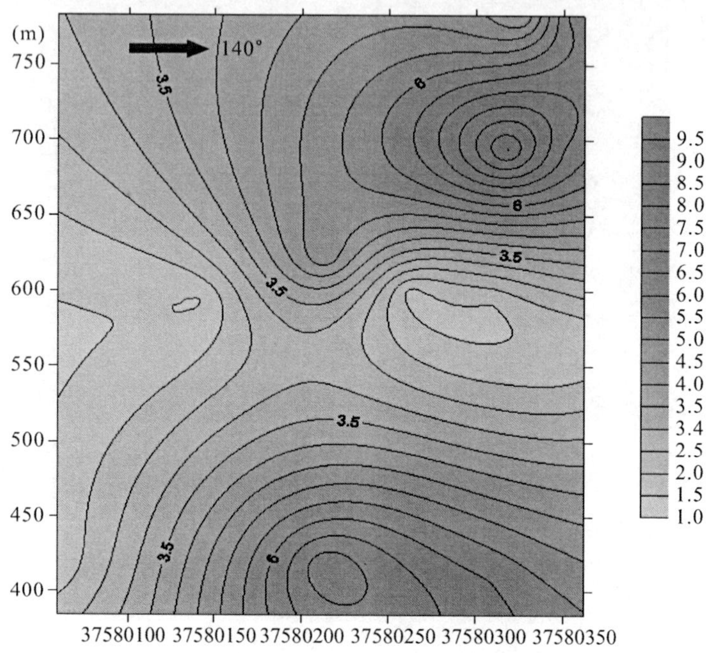

图 5-20 槐树坪矿区 M29 矿体品位等值线纵投影图

充填构造为主，浸染状蚀变岩型矿石相对较少，构造带两侧围岩蚀变晕也不发育，这些特点均反映 M29 断裂构造具有张性—张扭性构造性质。由此推测其向深部的延伸程度有限，根据张扭性断裂构造延深一般小于延长的特点，推测其延深不会超过 1 000m，即不会超过标高－200m。

化探原生晕分带、矿体空间变化规律研究结果揭示，M29 矿体垂向上呈串珠状、厚、薄相间状产出分布，目前钻孔揭露的标高＋400m 左右金矿化强度没有明显的减弱趋势，向下还应有较好的延伸。

成矿流体温度场及黄铁矿成分标型研究显示，成矿流体温度仍然属于造山带型金矿和侵入岩有关的金矿成矿温度变化范围之内，按本次研究获得的成矿流体温度变化率估算，向深部金矿化尚有 400m 空间，即标高＋400～0m 仍有找矿潜力；黄铁矿成分标型研究显示，

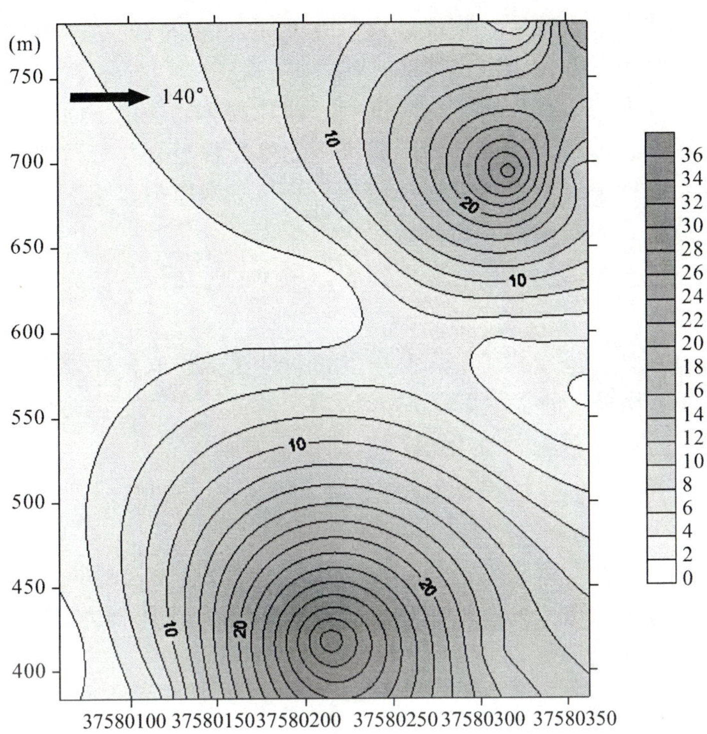

图 5-21　槐树坪矿区 M29 矿体品位与厚度乘积等值线纵投影图

金矿化向深部没有明显的贫化趋势，与化探原生晕分带和矿化空间分布规律研究认识一致。

综上，根据目前工程揭露情况及成矿信息提取认识，本书认为，M29 矿体向深部还应有 400m 左右的找矿空间。

5.4　M29 矿体深部成矿预测

5.4.1　预测准则

（1）断裂构造控矿准则，即预测矿体应以断裂构造存在为前提条件。断裂构造分支复合、构造蚀变带宽度加大、构造面产状变化、构造岩蚀变强烈等部位有利于成矿。

（2）存在明显化探异常标志准则。即预测矿体部位平面上，化探异常浓度高、面积大、甲乙丙不同级别化探异常组合并与断裂带套合关系好；垂向上，符合热液矿床原生晕分带基本原理，化探原生晕分带指数反转，指示深部有隐伏矿体存在。

（3）成矿流体温度场有利准则。即预测矿体部位成矿流体温度不应超过400℃。

（4）黄铁矿成分找矿信息有利准则。即黄铁矿成分标型无明显不利于Au矿化存在的指示信息。

（5）遵循矿体空间变化规律准则。即垂向上矿体厚、薄相间产出，厚薄相间间隔沿倾斜方向约100m左右。矿体向北西侧伏，侧伏角65°～70°。

（6）勘查工程揭露显示Au矿化明显，有进一步找矿潜力。

（7）根据本次研究对断裂构造性质的认识，在此将M29断裂构造成矿预测深度推测为标高0m以上。

5.4.2 靶区预测与评价

根据以上成矿预测准则，将预测靶区划分为A、B、C三类。其中，A级预测靶区应具备以上所有预测准则条件；B级预测靶区应同时符合以上预测准则中的（1）、（2）、（6）三项准则要求以及（3）、（4）、（5）三项准则之一；C级预测靶区应同时具备预测准则中的（1）、（7）两项要求。据此，将槐树坪矿区目前勘查地段成矿预测靶区圈定为：A级预测靶区1处，B级预测靶区1处，C级预测靶区1处。现对各靶区预测依据阐述如下。

1）A级预测靶区

大致位于23～10线之间，标高＋400～＋200m之间。该部位是上部已知矿体向下的自然延伸，也是工程揭露具有工业矿体显示的部位。具体评价如下：

（1）现有的钻孔揭露显示，在标高＋400m以上，M29矿体矿化连续性好，+400m标高附近的ZK290709、ZK290302、ZK290005、ZK290405四个钻孔的品位/厚度分别为：7.38×10^{-6}/4.93m，2.90×10^{-6}/1.46m，5.90×10^{-6}/2.48m，1.08×10^{-6}/0.58m，由此表明标高+400m附近，M29矿体品位、厚度与其上部矿体相比没有明显的减弱趋势，相反，在局部尚有厚度和品位富集中心存在，因此，矿体不可能迅速尖灭。

(2) 化探原生晕分带和矿体空间变化趋势研究表明，M29矿体垂向上由多个串珠状小矿体构成，单个小矿体沿倾斜方向延长一般在50～100m之间，而在标高+400m附近（+420m），化探原生晕元素组合为热液矿床头部晕+近矿晕标志，在+350m为尾晕，在+200m为头部晕+近矿晕，在+100m为近矿晕（表5-7）。矿体厚度等值线和品位等值线变化趋势显示，+400m标高附近有一处矿体厚度和品位富集中心，根据矿体厚、薄相间产出及单个小矿体沿倾斜方向延长一般在50～100m之间矿体赋存规律，从+400m→（+350～+300）m→（+250～+200）m，矿体最可能的产出特征是厚→薄相间出现。其中，+400m附近厚，+350m附近薄，+250m附近厚，+200m附近薄。目前+250m高程已施工的钻孔ZK290713见到矿体品位/厚度为3.85×10^{-6}/2.98m，在+200m高程已施工的钻孔ZK291509见到矿体品位/厚度为1.16×10^{-6}/1.14m，进一步证实化探原生晕分带找矿指示及矿体空间变化趋势认识与矿体真实情况比较接近。

(3) 此外，成矿流体温度、黄铁矿成分标型找矿也指示该地段应当处于成矿有利部位。

2) B级预测靶区

该预测靶区是上述A级预测靶区的深部延续，将其划为B级预测靶区的主要考虑如下：

(1) 目前工程控制程度很低，只有ZK291513一个深部钻孔控制，并且品位/厚度（1.46×10^{-6}/0.47m）均不理想。

(2) 无论是矿体空间变化趋势认识还是已经完工的钻孔揭露显示，+200m标高附近很可能是一个矿体变薄部位，+200m以下，矿体是否像其上部一样厚、薄相间出现目前尚很难推断。但是，从M29矿体由上至下整体品位变化趋势来看，从+800m → +700m → +600m → +500m → +400m → +350m→ +300m → +250m → +200m→ +100m，平均品位/平均厚度变化依次为：5.4×10^{-6}/2.7m →7.9×10^{-6}/2.7m→2.9×10^{-6}/1.2m→1.8×10^{-6}/1.1m→4.3×10^{-6}/2.4m→2.5×10^{-6}/0.9m→1.7×10^{-6}/0.85m→3.85×10^{-6}/2.98m→1.16×10^{-6}/1.14m→1.46×10^{-6}/0.47m，由此可见，M29矿体由上至下，整体上品位/厚度呈现变贫、变薄的趋势，因此，本书推测在B级预测区部位，矿体很可能会变贫、变薄。

3）C级预测靶区

该预测靶区是上述B级预测靶区向深部的自然延伸，本书将其划为C级预测靶区的主要考虑是：

（1）目前无任何深部工程控制，不确定性变化大。

（2）B级预测靶区矿体的品位、厚度已经变贫、变薄，继续向下，很可能会进一步变差。

（3）标高0m已经是理论上M29控矿断裂带向下延伸的最大深度，而一条断裂带由下至上全部充填成矿的可能性很小。

总之，由于缺乏工程控制，以及B级预测靶区可以提供的找矿信息十分有限，C级预测靶区的可信度不高，有待通过深部工程揭露后修正。

第 6 章

结　论

6.1　主要研究成果

（1）通过东湾、槐树坪两个矿区已知矿体控矿断裂构造、化探原生晕分带、黄铁矿标型、流体场分布及矿体空间定位等研究，提出东湾矿区已知矿体向下延伸稳定，找矿潜力较好；槐树坪矿区M29矿脉断裂构造性质决定其向深部延伸的程度可能有限，最低找矿空间可能为0m标高。

（2）以野外断裂构造地质调查为基础，以区域构造演化认识为依据，厘定了槐树坪矿区不同时期的断裂构造系统。认为矿区M5、M11、M13、M14脉体属于中元古代火山盆地边缘断裂构造系统，找矿价值不大；熊耳群内部缓倾斜的M1脉组属于印支造山晚期伸展滑脱断裂构造系统，具有滑脱断层性质，延伸稳定，在断坪和断坡转换部位或缓倾斜断裂与陡倾斜断裂交汇部位矿化富集，找矿潜力不可低估，值得投入探矿工程；M3、M29、M7脉体属于燕山期板内造山断裂构造系统，是矿区重要的成矿构造空间，值得进一步找矿投入。

（3）通过收集整理区域最新成岩成矿年代学研究成果，认为矿区金矿成矿有印支期和燕山期两期，其中，以燕山期成矿强度和规模最强。

（4）成矿流体包裹体研究揭示，成矿流体具有中低温、低盐度、低密度特征，成矿流体从早期至晚期，成矿压力下降显著。流体成分分析表明，成矿流体以岩浆流体为主伴有少量大气降水混合。

（5）分别在东湾矿区和槐树坪矿区已知矿体深部圈定不同级别预测靶区8处。其中，东湾矿区A级预测靶区已得到一个深部钻探工程的成功验证。

6.2　存在的问题

因钻孔岩芯中石英含量有限，不能满足氢-氧同位素分析样品取样最低数量要求，未能对设计中提出的成矿流体氢-氧同位素组成及其空间变化规律展开研究。但是，其他方面的研究成果较理想，可以为矿区深部成矿预测提供了较充分的信息依据。因此，对研究结论影响不大。

主要参考文献

1. 陈德杰.豫西熊耳山地区金银成矿带区域成矿模式研究[J].河南地质,1996,14(3).

2. 崔毫.从铅同位素组成特征看熊耳山地区两类金银矿床成矿[J].河南有色金属地质,1992,21(1).

3. Collins,P. L. F.. Gas hydrate in CO_2 - bearing fluid inclusions and the use of freezing data forestimation of salinity[J]. Geochim. Cosmochim. Acta,1979,47.

4. 丁士应.豫西熊耳山地区金矿构造控矿系统及其找矿意义[J].前寒武纪研究进展,1999,22(2).

5. Diamond,L. W.. Salinity of multivolatile fluid inclusions determined from clathrate hydrate stability[J]. Geochim. Cosmochim. Acta,1994,58:19—41.

6. 范光.熊耳山地区花岗岩特征及其与金矿化的关系[J].铀矿地质,1995,11(4).

7. 范宏瑞.豫西熊耳山地区岩石和金矿床稳定同位素地球化学研究[J].地质找矿论丛,1994,9(1).

8. 付治国.小秦岭-熊耳山地区金矿硫同位素地球化学特征[J].物探与化探,2009,33(5).

9. 郭保健.熊耳山北坡拆离断层带地球化学特征及其与金银矿化的关系[J].矿产与地质,1997,11(1).

10. 韩怡桂.Evolution of the Mesozoic Granites in the Xiong'ershan Waifangshan_Region, Western_Henan Province, China, and Its Tectonic Implications[J]. Acta Geoglogica Sinica,2007,81(2).

11. 李云.河南嵩县南部熊耳群古火山构造与成矿关系研究[J].华南地质与矿产,2009,28(3).

12. 李秉伦,王英兰,谢奕汉.气液包裹体气相色谱分析及其地质意义[J].地质科学,1982,4(2).

13. 李秉伦,石岗.矿物中包裹体气体成分的物理化学参数图解[J].地球化学,1986,6(2):126—137.

14. 刘宏樱.豫西马超营断裂带的控岩控矿作用研究[J].矿床地质,1998,17(1).

15. 刘斌,段光贤.$NaCl-H_2O$ 溶液包裹体的密度式和等容式及其应用[J].矿物学报,1987,7(4).
16. 刘斌.简单体系水溶液包裹体 pH 和 Eh 的计算[J].岩石学报,2001,27(5)
17. 卢欣祥,李明立,等.秦岭造山带的印支运动及印支期成矿作用[J].矿床地质,2008,27(6).
18. 卢欣祥,尉向东,等.小秦岭-熊耳山地区金矿的成矿流体特征[J].矿床地质,2003,22(4).
19. 卢欣祥.小秦岭——熊耳山地区金矿时代[J].黄金地质,1999,5(1).
20. 罗乾周.秦岭造山带(陕西部分)中新生代陆内造山及与矿产关系[J].陕西地质,2007,25(2).
21. 梅桂友,郭伟英.论中性水体 pH 值与温度的定量关系[J].重庆环境科学,1994,16(2).
22. 梅桂友,李春芳.中性水体 pH 值与温度关系的分段回归计算法[J].重庆环境科学,1999,21(2):57－58.
23. 孟宪锋.嵩县南部金成矿条件分析及前景评价[D].北京:中国地质大学(北京),2007.
24. Potter,R. W.,Robert,W.. The volumetric properties of aqueous sodium solutions from 0 to 500℃ at pressures up to 2 000 bars based on a Regression of available data in the literalure[J]. U. S. Geological Suevey,1977,36－37.
25. 邱庆伦.小秦岭-熊耳山地区燕山期大规模成矿的地球动力学背景[J].地质找矿论丛,2008,23(4).
26. Roedder,E.. Fluid inclusion[J]. Review in Mineralogy,1984,12:1－644.
27. 邵世才.河南熊耳山蚀变断层岩型金矿床成因的地质及地球化学特征[J].地质论评,1994,40(6).
28. 王春宏.河南省熊耳山西南段金矿成矿规律及找矿预测[J].黄金地质科技,1993,37(3).
29. 王春宏.熊耳山西南段金矿床(点)的金矿化剥蚀程度初探[J].黄金地质科技,1991,30(4).
30. 王富贵.熊耳山地区金矿成矿地球化学特征及其找矿方向[J].地质与勘探,1991,08.
31. 王长明.河南熊耳山地区花山花岗岩与金矿化的关系[J].现代地质,2006,20(2).
32. 王长明,邓军,张寿庭,等.河南萑香洼金矿床成矿流体特征[J].黄金地质,2006, 27(2).

33. 王志光. 熊耳山变质核杂岩构造研究及找矿进展[J]. 有色金属矿产与勘查，1999,8(6).

34. 燕建设. 豫西马超营断裂带的构造演化及其与金等成矿的关系[J]. 中国区域地质，2000,19(2).

35. 燕建设，庞振山，岳铮生，等. 马超营断裂带构造特征及金矿成矿研究[M]. 郑州：黄河水利出版社，2005.

36. 张成立. 秦岭造山带早中生代花岗岩成因及其构造环境[J]. 高校地质学报，2008,14(3).

37. 张增荣. 熊耳山伸展构造与金矿化的关系[J]. 大地构造与成矿学，1992,16(2).

38. 朱赖民. 秦岭造山带重大地质事件、矿床类型和成矿大陆动力学背景[J]. 矿物岩石地球化学通报，2008,27(4).

39. 朱赖民. 与秦岭造山有关的几个关键成矿事件及其矿床实例[J]. 西北大学学报，2009,39(3).

40. 张德会，刘伟. 流体包裹体成分与金矿床成矿流体来源——以河南西峡石板沟金矿床为例[J]. 地质科技情报，1998，17(S).

41. 翟建平，胡凯，陆建军. 栖霞金矿床成矿流体地球化学研究[J]. 地球化学，1996，25(6).

42. 张文淮，陈紫英. 流体包裹体地质学[M]. 武汉：中国地质大学出版社，1993.